飞跃高原

三湘第一女"鸟人"追鸟记

肖辉跃 ◎ 著

北京联合出版公司
Beijing United Publishing Co.,Ltd.

推荐序 1

随着工业文明进程的加快,人类社会的方方面面都发生了翻天覆地的变化,生态问题随之愈来愈多。这促使人们不得不重新思考人与自然的关系,希望找回原来完整、野性的自然,而人对自然的态度也从索取、掠夺慢慢向爱惜、尊重转变,在这个过程中自然文学应运而生。作为一个从事动物学研究多年的专业工作者,我衷心祝贺肖辉跃先生的新著出版。

由于现代化开始时间较晚,我国在自然文学这一领域的发展与西方发达国家具有明显的差距。我接触的关于大自然的书中比较著名的是美国作家梭罗的《瓦尔登湖》,那已经是很多年前的事了,但它对我的影响很深。书中有很多名句,例如:"让我们像大自然那样从容不迫地度过每一天,不让任何一片落在铁轨上的坚果或蚊子翅膀把我们抛出轨道。"人生很短,要想做一个内心自发快乐的人,就得放下一些身外之物，尤其是在物质高度繁荣的现代社会，锦衣玉食、肥马轻裘往往让人看花了眼，能够遵照心灵意愿生活的人少之又少。但我从作者的身上看到了这种可贵的自我，这让我很是惊喜。在21世纪的今天，我希望本书能带我们远离纷纷扰扰的尘世，亲近简单纯朴的大自然，以获得心灵上的平和与愉悦。

本书作者的经历十分丰富，一开始是因为爱鸟扛起了照相机，慢慢深入之后热爱变成了责任，继而创作出了多篇优秀的文学作品。在看了作者的书稿之后，我感受到更多的是作者对于人与自然之间日益紧张的关系的担忧。比起西方，中国的工业革命起步较晚，刚开始是通过牺牲环境的方式换取社会经济的快速发展，确实取得了显著的成绩，也为解决现今的环境问题提供了条件和资本。但这还远远不够，保护自然和环境还需要依靠每个人的自我意识，一种发自内心地对大自然的虔诚。本书正是对我们的呼吁和提醒。

本书有一节名为《谁的可可西里》。看到可可西里的名字，我脑子里最先想到的是陆川导演的电影《可可西里》。电影主要讲述了巡山队员为了保护可可西里的藏羚羊和生态环境与盗猎分子顽强抗争，甚至不惜牺牲生命的故事。毫无疑问，本书也写到了藏羚羊，写到了可可西里，这些描述很让我感动。尤其是羊父亲推小羊那一段，世间生灵皆有情，不论是何种动物，父母对孩子的爱永远是无条件的、发自本能的。如今的可可西里已经几乎没有盗猎分子的踪影了，藏羚羊得以年复一年地沿着原有的路线顺利迁移，并繁衍生息。

作者又将视线转移到了川西高原、云贵高原、北疆，具体的文字就不一一展开了，更多的美好需要各位读者亲自领略。我敢肯定的是，作者的功底不会让大家失望，好比打开一坛酝酿多年的美酒，读者可以自己品尝。我和作者一样希望，多年之后我们的子孙后代能够与这些灵动瑰丽的雪山高原、湖泊盆地相遇，安静倾听活泼又不失神秘的姑娘们在耳边呓语。

人与自然之间密不可分，人类对自然的所作所为最后都会直接或间接地影响自身。恩格斯曾告诫过人们："不要过分陶醉于我们对自然界的胜利。对于每一次这样的胜利，自然界都报复了我们。每一次胜利，在第一步都确实取得了我们预期的结果，但是在第二步和第三步却有了完全不同的、出乎预料的影响，常常把第一个结果又取消了。"这句话在近代以来曾被多次验证，全球变暖、淡水资源污染、生物多样性减少、塑料垃圾问题……这些大自然的伤疤都是人类的"杰作"。

我们是大地之子，我们的成长和发展与自然相辅相成，我们曾经不断尝试着要改造自然，结果是戳得她千疮百孔，恶果最终还是由我们咽下。若想阻止悲剧重演，我们必须毫不犹豫摒弃类似"人类中心论"的历史糟粕，善待自然、保护自然、尊重自然，实现人与自然和谐共生、协调发展。

我国现代文学作品中对自然的关注相对较欠缺，这与建设生态文明、保护绿水青山的新时代是不相匹配的。作者的这本书来得很及时，为我们了解自然提供了一道文学大餐。

我希望所有热爱自然的读者，包括生长在这片大地上的孩子都读一读这本书。最后再次祝贺本书的出版，让我们大家一起保护大自然，希望她的美丽，不再被人打扰，并长久地与我们相伴。

张正旺

北京师范大学教授、博士生导师

乐事三千，只取一鸟
记"三湘第一女鸟人"肖辉跃

我与辉跃相识于桂林阳朔的一次户外活动。当时，她靓丽的外表、矫健的身姿引起了我的特别注意。后来，在返程的最后一顿集体餐时，我们互留了联系方式，但交往并不多。

直到近年，辉跃进了长沙市作协和摄协，我们见面的次数才逐渐多起来，对她的文学与摄影之路也了解得更为广博一些。没想到，这个集美貌、才情、勇敢于一身的女子，这些年一直在艺术领域里孜孜不倦，并积极投身于环境保护。从观鸟到护鸟，从文学到摄影，辉跃已从一个普通爱好者一跃成为专家级人物。她的每一段文字、每一张图片、每一种感悟都是用自己的脚一步步丈量出来的，集科普性、文学性、哲理性于一体。她的经历也是独一无二的，不可复制。

先简略谈谈辉跃的经历吧。2015年第一天的早晨，辉跃带着她的女儿在靳江河边观鸟，发现了一张四十来米长的大网。见到鸟网就毁是辉跃一贯的作风，她迅速指挥女儿拔掉竹竿，自己撕网。突然，山坳里冲出两条恶狗，一阵狂吠扑向她女儿。女儿受到惊吓，直呼："妈妈，妈妈……"辉跃挥起竹竿一阵乱舞，刚打退恶狗，又从河堤下钻出来一个五十多岁的男人，手提一把斧子，问："你们这是做什么？""哪个给你权力来拆鸟网？"提斧人眼睛横扫一下现场后，向辉跃母女直逼过来。

"布鸟网是犯法的！""我们是长沙野生动物保护协会的志愿者，看，这是我们的证件。"辉跃一手抖动手中的竹竿，一手从口袋里掏出个小本本。提斧人被唬住了，悻悻地，不再逼过来……

后来，辉跃跟我们说起这事时，笑得花枝乱颤。那个小本本，其实只是她的驾驶证而已。

还有一次，在南京玄武湖观鸟时，辉跃遇到了两名猎鸟者。初始，辉跃并没在意，以为他们是来钓鱼的。当望远镜再一次扫过他们时，她发现他们手里提着猎枪。辉跃挺直身子，迎了上去，在几秒钟的紧张对峙中，辉跃手持相机，狠狠瞪着对方："你敢？！"被辉跃这无畏无惧的气势震住，同伙迅速扯了扯持枪者的衣角，递了个眼色，持枪者慌忙将枪塞到腋下，两人飞奔而逃。在邪恶面前，辉跃从来没有感到过害怕。她说："光天化日，谅他们也不敢开枪，这个社会毕竟还是邪不压正，他们也犯不着为了这事而送命。"

为了拍到高原上不同种类的鸟和其他野生动物，辉跃多次去贵州、云南、川西、西藏、青海、新疆。2017年四上青藏高原，身负重装两次穿越可可西里，在雪山、荒漠、草原和密林中都留下了她的足迹。第一次上青藏高原，因严重的高原反应，头痛、胸闷得厉害，她说想死的感觉都有，但休息两天后照样爬雪山、过草地。接着两次三次，越走越上瘾。第四次上青藏高原，是2017年11月，她不顾我的百般劝阻，毅然决然。11月很多地方已寒风凛冽，而在6月都可以飞雪的高原，其寒冷是可想而知的。当时唐古拉山暴雪，车辆堵在路上几天几夜，因高原缺氧和极寒，死去了好几个人。她发现情况不对，在还没有完全堵严的情况下及时掉转车头，从另一条路赶到格尔木住下，才躲过一场劫难。关于这些经历的细节，辉跃没有过多描述，只在自己的朋友圈写下："熬过两天两夜的生死考验，明天将是今年第二次横越可可西里。"阿弥陀佛！像辉跃这般善良慈悲的人，神的眷顾和护佑往往会多一些。特别是在离天最近的地方，神会看得更真切。

辉跃的爱好，不仅仅是拍鸟，更是用满腔深情爱鸟、护鸟、写鸟。很少有人对鸟会爱到她这种程度。这个率真率性的女子，已经把鸟当作了自己的情人，只要一有时间，便千山万水地追随。自从走上观鸟、拍鸟这条道路后，她说她已经4年没进过商场买衣服，除了工作，业余时间全用在她热爱的"鸟事"上。期待有鸟来栖，她把自家院子一次次改造成适宜鸟类繁衍生息的绿色生态区。平时，辉跃外出观鸟、拍摄时也常随身带着打火机，见到捕鸟的网便捣毁、烧掉。辉跃每年捣毁鸟网10多个，为此，曾遭到狩猎者的谩骂、追打，甚至放猎狗追咬等。在正义面前，她大义凛然，也将狩猎者吓退不少。

辉跃所走的路，是一条充满艰辛、悲悯且需要机智勇敢之路，她的日常装备——相机加镜头加脚架，总重量不会低于 40 斤。每次出行还要加上一些生活必备品，因此一个背包随便都是五六十斤。对女人来说，光是这重量，就叫人望而生畏，更何况，她一直是踽踽独行。身体的负重、旅途的孤单，有可能遇到的盗猎分子，以及山林中野兽或毒蛇侵袭的危险，这些即便是一个大老爷们儿也得掂量掂量，可辉跃却走得坚定、昂扬。一次次出发，乐此不疲。

在 2017 年的洞庭湖观鸟大赛中，作为湖南 GEF 联队的一名主力队员，辉跃和她的团队在规定时间内以记录并拍下 90 多种鸟类的成绩斩获一等奖。像她这样背着笨重的摄影器材，带着望远镜常孤身穿梭在齐腰深的沼泽地、密不透风的丛林中、人烟稀少的孤岛上，就连陌生的摄影人及观鸟队员都对她连连竖起大拇指。到目前为止，她已拍到 800 种鸟，业界称她为"三湘第一女鸟人"。

在观鸟、拍鸟的过程中，她还写了几十万字的观鸟日志，被我们戏称为"鸟文"。这些日志文笔细腻、语言生动活泼、故事新颖、经历独特，有很强的可读性。

在《野牦牛之河》中，她写道："有只鸬鹚飞到岸边给它的一只宝宝喂了一次食后，便抖开翅膀晒太阳。另两只没被喂到食的宝宝张开嘴大喊饿，它转过头去继续晒太阳，不理不睬。当它又转过头来时，两只宝宝以为母亲良心发现了，又张开嘴喊饿，结果它头一撇，继续晒翅膀。可怜的宝宝们都没力气喊饿了，盘着身子伸着脖子一脸膜拜地望着尊敬的母亲大人……"这是一只母鸟喂食的场景，被辉跃写得惟妙惟肖、生动而富有情趣。

"长尾林鸮躲在洞里孵崽,一只大山雀蹦蹦跳跳地过来了,蹦着蹦着便发现了这个洞。它好奇地往洞里瞧了瞧,这一瞧简直把它吓破了胆,它的敌人正躲在树洞里阴森森地看着它。它赶紧飞走,这次敌人没有出来抓它。它觉得很好奇,洞里那确实是敌人吗?怎么不来抓我?于是又飞回去。这次它胆子大了些,将头和身子都深入洞口,那敌人又只对它瞪眼,并不出来抓它。大山雀于是带着这森林里的特大新闻在每棵树上奔走相告,向林子里所有鸟类昭告这一令人激动的新闻……"(《挺进阿尔泰山》)——这些像毛细血管一样丰富的小细节,俏皮又可爱,读来令人莞尔。

"这片山岩整体被施了紧箍咒,还不是一道,是被成千上万道紧箍咒紧绑着。某日我们再经过这片山岩时,若有幸目睹到北山羊吊在铁箍上的神采,请不要大惊小怪……一只黑鹳穿过新疆白杨的上空,朝着魔鬼城飞来。这个美丽的生命,给死气沉沉、悲壮辽阔的魔鬼城带来了一丝生气。魔鬼脸上露出一丝红光,它感到了欣慰,它不再面目可憎,它也没有挖不尽的宝藏。它现在是一个保护神,它的怀抱,便是黑鹳的天堂。"(《"魔鬼"来了》)——读这样的句子,紧张激动之余,莫名的,有一种悲壮与苍凉。环境保护,任重道远,太需要这样的文字来唤醒更多人。

辉跃的文字,无论是对鸟、野猪,还是毒蛇、癞蛤蟆,甚至于花草树木,都赋予它们美丽的生命和鲜活的语言,还自然界一个温馨、健康而又勃勃生机的王国;是浮躁世界里的一缕清风,是紧张生活后的一抹闲情,是人生羁旅中的一种温暖,是回应沧桑岁月的一份童真。徜徉在辉跃的文字中,让人不知不觉心生暖意,世界也因而变得柔软而干净。

在辉跃的笔下，我认识了青藏高原的黑颈鹤、新疆的沙漠赤狐、川西高原的绿尾虹雉……辉跃说，她最大的心愿就是希望大家都来爱鸟护鸟，保护我们的生态环境。为此，她身体力行，奔走疾呼。在她的感召下，越来越多的人加入了这个行列。感谢辉跃的文字和图片，让我们看到自然界中最美好温馨的一面，从而唤醒自己内心更多的爱与力量！

尘埃

本名杨跃清，湖南宁乡人。中国散文学会会员，湖南省作协会员，长沙市摄影家协会会员。曾出版散文集《走过滇藏线》《炊烟起，我在黄昏里等你》。

目录 Contents

青藏高原

- 002　野牦牛之河
- 007　与鼠兔为邻
- 014　铁篱笆前的影子——普氏原羚的无奈
- 020　飞跃高原——斑头雁的故事
- 026　喇嘛与鸟
- 034　热水镇的坑洞
- 039　祁连山探险
- 048　鄂拉山战斗——藏獒 VS 牦牛
- 054　藏野驴的爱情
- 060　高原清洁工——高山兀鹫
- 066　探秘三江源
- 070　峭壁精灵——藏鸥与岩羊
- 076　白扎林场的一天
- 081　谁的可可西里
- 091　香日德的嘎啦鸡
- 097　与狼共伍
- 104　原来的诺木洪
- 111　寂寞德令哈
- 118　黄河远去
- 127　墨脱之声

川西高原

- 138　大熊猫背后的故事
- 143　巴朗山恋曲（上）——绿尾虹雉
- 148　巴朗山恋曲（下）——蓝大翅鸲
- 153　牟尼沟琐事
- 158　情迷二道海
- 163　魔界龙苍沟

云贵高原

- 172 北纬二十八度（上）
- 179 北纬二十八度（下）
- 184 第四江——云南独龙江
- 197 夜寻"灰吐吐"
- 202 醒来的森林——菲氏叶猴传奇
- 213 "大嘴"的幸福生活——犀鸟
- 218 滇西战役——动物战争
- 228 高黎贡山咏叹调——寻找会唱歌的白尾梢虹雉

北疆

- 242 夕阳下的白湖
- 248 玛纳斯河畔的英雄——勇敢的欧夜鹰母亲
- 251 "百倍激动"——白背矶鸫
- 257 "佛法"无边——蓝胸佛法僧
- 261 戴胜与毛驴
- 264 "蚂蚁踏死"牧场
- 267 王的盛宴——黑耳鸢与乌鸦的聚会
- 272 "魔鬼"来了
- 276 有多少爱可以重来——艾里克湖的鸟
- 281 大河向北流——布尔津河风情
- 286 喀纳斯迷雾
- 288 沙里福汗公园的斑鹟
- 292 挺进阿尔泰山
- 296 赤胸朱顶雀的爱情
- 300 北屯的广袤戈壁

跋

- 304 后会有期

青藏高原

野牦牛之河

我听到了野牦牛的咆哮,不是一头,而是一群。

我踮起脚尖向前远眺,看不见一个人,队友们都淹没在高低起伏的蚂蚁窝和满眼的花海里。蚂蚁窝里没有一只蚂蚁,只有高原鼠兔在那儿兴奋地张望。鲜花没有一种是我见识过的,无论颜色、形态,还是气味,它们唤醒了我久违的鉴赏力。花儿像火把、像铃铛、像绣球,仿佛大自然每天都在摆弄和修剪这里的花卉。每一朵花都是独一无二的,就连最普通的野葱也开着高贵的紫色花朵,蓬松轻盈的花瓣就像紫色的薄雾飘浮在多彩的草原上。

花儿是那么多,多得时常撞入我的怀里,缠住我的裤管撒娇,让我不忍心继续前进。而在这些美丽的鲜花下面,还躲藏着一个个有翅膀的生命,一个个有着美妙歌喉的歌唱家,它们就是百灵鸟。往往花瓣悄然颤动,百灵鸟便从中腾空而起,叼着一两条虫子,唱着一连串小调盘旋着冲入云霄。天上的云仿佛是昆仑山谷里吐出的绵绵白絮，将草原上空遮得严严实实，而青海湖俨然是昆仑山系的一条蓝丝巾。站在草原上，天和海似乎遥不可及而又触手可及，你只需扯着那条蓝丝巾轻轻一跃，便可攀上如棉絮的云端。在棉絮与草地之间，不断有鸬鹚、棕头鸥、渔鸥高唱着，消失在云端，消失在草原的尽头。

我一直往前走，头顶依然是白云，脚下还是鲜花的世界，野牦牛的咆哮声越来越近。陡然间花丛中便冒出了几幢破旧的老房子。房子几乎都没有顶，仅有的半个顶上杂草与鲜花共生。有一个红砖砌的门楣，码出了一些奇奇怪怪的几何图案，也许只有草原上的人才能读懂其中的奥妙。门楣下的铁门锈迹斑斑，连同上面挂着的铁锁，似乎均可以收进民俗博物馆。墙是石灰、泥浆、细沙加糯米筑的土墙，非常厚而且结实，但上面千疮百孔，一个个碗大的洞，让人以为这里曾发生过激烈的战斗。土墙上面码着三层整齐的圆盘状物件，像榨过油的大饼。仔细考察其成分，原是牛粪盘成的饼，经过几十年的日晒夜露，保存得如一堆化石。

星智老师告诉我，这些房子都是二十世纪五六十年代的老屋。主人是海北藏族自治州农垦区搬迁过来的，当年有好几千户。他们到这里来的任务是捕青海湖的湟鱼。当年流传着这样一句顺口溜："脚踏地球转，手指华云山，跟着太阳走，青海建家园。"在困难时期，湟鱼真是青海人的救命鱼。湟鱼当年保护人类得以逃生，如今已成为国家二级保护动物，被保护了起来。

越往前走，鸬鹚和棕头鸥越发地来往频繁，一条黄色的大河突然呈现我们眼前。说实话，我从没见过如此密集、如此充满激情的水流自天际滚滚而来。风吹着飞溅的水雾让我透不过气来，河水拍击河岸的巨大轰鸣声让我不得不一而再地往后退。河流两岸彩色的经幡飘扬，白色的羊群游荡。星智老师说这条河叫布哈河，藏语意思就是野牦牛之河,河水直达青海湖。以前河流沿岸有很多野牦牛,它们会到布哈河来喝水。但现在野牦牛已难觅踪影,倒是河水咆哮得如野牦牛一般。原来,我一路上听到的野牦牛的咆哮,竟是布哈河的声音。

河中遍布沙洲和不起眼的小岛,鸬鹚在上面站成黑压压的一片,像河流中的黑衣卫士,阳光下异常酷炫。我见过太多晒房、晒车、晒美食、晒事业的人,在这里,鸬鹚晒翅膀那才真叫绝——绝情。有只鸬鹚飞到岸边给一只宝宝喂了一次食后,便抖开翅膀晒太阳。另两只没吃到食的宝宝张开嘴大喊饿,它转过头去继续晒太阳,

图 1　鸬鹚喂雏鸟

不理不睬。当它又转过头来时，两只宝宝以为母亲良心发现了，又张开嘴喊饿，结果它头一撇，继续晒翅膀。可怜的宝宝们都没力气喊饿了，盘着身子伸着脖子一脸膜拜地望着尊敬的母亲大人。后来，太阳晒得它们伸长的脖子变成了霜打的茄子耷拉下来了，那爱臭美的母亲还高扬着翅膀在阳光下暴晒。直到每缕阳光为它点赞，每只路过的牛羊为它点赞，水中匆匆路过的湟鱼都跳起来为它点赞，它才缓缓收起那高贵的翅膀，心满意足地潜回水中捕食。

但是这只臭美的鸬鹚，为鸟却十分大方。

紧邻鸬鹚的巢穴，棕头鸥也筑起了它的家。棕头鸥长得白净帅气，抓鱼的本领却很一般。而布哈河的湟鱼又条条厉害，岂是它那等"白面书生"随便能抓得到的。十次出去抓鱼，有八次空手回来。因此有时候，棕头鸥就坐等鸬鹚抓鱼回来。鸬鹚晒翅膀厉害，捕鱼也是它的拿手戏。关于鸬鹚捕鱼的高超本领，看看漓江渔船上站着的那些可怜家伙就知道了，它是不用烧油还会呱呱唱歌的自动捕鱼器。

在这里，我看到了十分动人的一幕：一只鸬鹚抓了鱼回来，它的孩子早早就把脖子伸到它的喉咙深处，它喉咙就像装了潜水泵似的，鱼源源不断地往外涌，有一小部分鱼掉到了外面。掉出来的鱼小鸬鹚不吃。这时候，棕头鸥慢悠悠地踱过去，将掉在地上的鱼一条条全都捡了起来喂给自己的孩子吃。有意思的是，鸬鹚好像对这个捡它残羹剩饭吃的邻居十分客气，会自动让出地盘给棕头鸥捡食。对它们这种和睦的关系，我十分敬佩。更让我惊讶的是，星智老师说棕头鸥也不是白捡食的，他曾多次看见过鸬鹚外出捕鱼时，如果遇到外敌来入侵，比如狐狸、黄鼠狼、猛禽等，棕头鸥会誓死保卫鸬鹚的孩子。

布哈河是青海湖最大的支流，湟鱼洄游的最主要通道，春夏之交正是湟鱼洄游

图 2　鸬鹚与棕头鸥

产卵之时。湟鱼们从青海湖奔涌而出,逆着布哈河而上。虽说河水浑黄,水流湍急,但河中仍可见密密麻麻晃动的黑色湟鱼脑袋。只要往河边一站,随便拿根棍子或石头往水中一顿乱打,谁都可以成为顶尖的捕鱼高手。我敢保证,当地人所说"骑马涉水踩死鱼"绝没有半点吹嘘成分。在河的一个洄湾处,我们看到湟鱼全都挤到一块儿没命地往前游,一个个挤得口吐白沫,翻着白眼,鱼鳞挤没了都在所不惜(后来才知这些家伙天生没有鱼鳞)。挤过这个洄湾,前方是连续的上坡地段,它们又打着滚往前翻,水面上跃起一个个翻腾的背影,仿佛布哈河中升起的一面面黑色小帆。

而鸬鹚、棕头鸥、渔鸥早已张开翅膀,叉开双腿,张着利嘴守候多时。

躲过鸟类的幸运儿依然会溯着河水,穿过深涧与峡谷,越过无数水坑、阻水丘和大坝,留下一长串朝圣者的艰难足迹。经过长达几个月的日夜兼程,经受住干旱、暴雨、泥石流、灌溉、烈日的重重挑战,它们终于来到了布哈河的源头。在那温柔的怀抱里,一路上早已心心相许的恋人们产下了爱情的结晶。

午后,河水比上午涨了一倍,整个河岸似乎都在摇动。草皮、鲜花、岩块、土壤都被流水席卷向前。河面上有了更多欢呼雀跃的精灵们,鸬鹚和棕头鸥们还在欢快地捕鱼,勇敢的小崖沙燕贴着河水轻舞,斑头雁带着一群毛茸茸的小宝贝在悠闲地散步。而在河水之中,湟鱼为了爱情,为了明天,正接受着洪流的洗礼。

与鼠兔为邻

青海湖东北面,海北藏族自治州的金银滩草原上,神秘的二二一基地(20世纪80年代前这里曾是"两弹一星"研制和组装基地)不远处,道路两侧成群的牦牛在吃草,其中一头体形巨大。相比其他牦牛,大牦牛可称得上是牦牛队伍里的恐龙。它的脖颈往下经肚皮一直到尾部,有长达几尺的毛发梳成条条小辫,每移动一步,小辫组成的巨形拖把便梳理着草地。这头大牦牛有 50% 的野牦牛血统。

牦牛体大笨重,却有一群小个子邻居:高原鼠兔。在牦牛眼里,鼠兔充其量只能算是小人国的小跟屁虫。它们脚趾缝里时不时地会冒出几个灰溜溜的鼠兔脑袋,不仔细看,会以为是草地上拱着的小踢脚石。草原上确实也有很多这样的小踢脚石。

因此，当鼠兔发够了呆，一阵风似的在草地上奔跑时，就像风吹着小石子在跑。它们在石头下面挖巢穴，这样可以避开牦牛们的巨掌。石头附近草不多，牦牛们也不愿光顾。因着鼠兔这样活泼的邻居，牦牛觉得生活多了一份乐趣。它们躺下来晒肚皮时，鼠兔会跳上那长毛的森林捉迷藏，牦牛会半闭双眼，享受这免费的按摩。

在一块小石头后，不时有沙尘扬起，就其规模，像个微型的矿山挖掘机在工作。隔一段时间，便有一只雄鼠兔从沙尘里抬起头来，确定无人觊觎它的业绩后，又拱着屁股继续勤奋地挖掘。在它身后不远处，另一只雌鼠兔一直在有意无意地观摩这位工程师的杰出工程，不知是放哨还是考察其本事。终于，当扬起的沙尘堆成一个小山包时，"观摩师"适时地出现在"工程师"身边，咂着小嘴不停地赞叹其工艺。有了"美女"的鼓舞，"工程师"挖洞的积极性更加高涨，才一会儿工夫，小山包就成了一座"昆仑山"。当它满身泥土从洞里钻出来时，"美女"立马热情地奔向"工程师"，准备给它拍拍土，结果一个踉跄，"美女"被"昆仑山"绊倒了。"工程师"立马英雄救美，扑过去接住了"美女"。顺理成章，"美女"和"工程师"一同钻入了秘密宫殿。在它们背后，歌唱家邻居——草原百灵向它们奉送了一曲美妙的婚礼之歌。

青海湖的正北面，沿湖扎着一线长帐篷。天刮着呼呼的北风，湖上一片阴沉，湖水翻腾着青色的波浪。但无论天气怎样恶劣，都无法阻止游客的热情。大巴送了一车又一车的游客下来，沿湖还有很多顶风骑行的勇士。人们下车时，迎接他们的便是"礼仪小姐"：鼠兔。就像接受过专业训练一样，鼠兔们一个个前脚抬起，交叉握在胸前，散布在各大帐篷前。它们前脚一直轻搭着，嘴里似乎在碎碎念，"欢迎您，欢迎您"，像是要为游客的到来鼓掌，但它们目前还没有学会将巴掌拍响。人们向它

图3 高原鼠兔

们靠拢，它们神色不慌，嘴里还是一直碎碎念，这次念的是"别过来，别过来"。当人们的脚即将踏上它们头顶时，它们往帐篷底下一钻，无影无踪了。

　　经营帐篷的是当地牧民，房子里热乎乎的，砌着简易灶，烧着牛粪。两个大水壶在牛粪灶上烧着，热奶茶随你倒。桌上摆着一大盆黑漆漆的羊血肠子，即羊肠里面灌满羊血，煮熟了，随你享用。牧民家有两个小女孩，大的八九岁，小的两三岁。大的脸上有两坨高原红，大眼睛里像有两只热情的蝴蝶扑闪，长发编成无数小辫，趴在羊肠旁做作业。作业本上写着"朝霞不出门，晚霞行千里"等字样。字迹娟秀工整，如字帖一般。小的脸上也有两坨印迹，只是分不出是高原红还是高原黑，头发结成了一绺一绺的。做了一会儿作业，姐姐就牵着妹妹的手出了门。外面下着雨，她们也没当回事，来来回回地从草地上跑到房子里，又从房子里跑到草地上。一大拨鼠兔跟在她们屁股后头奔波，小姐妹有时会停下来摸摸鼠兔的头，鼠兔也不跑，任由她们抚摸，就像是她们家养的那条狗一般。鼠兔的毛发出奇地干净整洁，虽然它们也和小女孩一样，从不梳头。

晚上下了一整晚大雨，鼠兔们的家也许会被大雨淹没吧。第二天清早起床，雨停风住，青海湖上空隐隐有了一丝红光，但天还是冷得要命。一掀开帐篷帘子，无数只鼠兔就像草原蘑菇般拱起，一溜鼠洞在眼前高低起伏，洞外还排着极新鲜的绿豆大小的鼠粪。看来，它们在大雨中毫发无损。老实说，鼠兔的这个地下防水工程的技术，人类得向它们取取经才行。当鼠兔在外忙碌时，洞里还有几个晃动的黑影，我以为是有睡懒觉的鼠兔还没起床，凑近一看，"嗖"，飞出一只带翅膀的"鼠兔"；"嗖"，又飞出一只；接着又"嗖嗖嗖嗖"，一连飞出四只带翅膀的。等它们落地一看，原来是一群褐背拟地鸦。看来，因为昨晚的大雨，它们借宿在鼠兔家里了。

现在来看看这群借宿的家伙的智慧吧：一只褐背拟地鸦面前横着一块大石板，相对它的个头，那块石板就等同于一道门。但是它先在石板上踩了几脚，像在掂量石板的分量。然后它跳下石板，找了个角度，将弯钩嘴插到石板下，两下便将石板撬了起来。石板被撬起来后，竟然还被转了360度，上面粘的一切东西都扎扎实实地被戳了个遍。然后，褐背拟地鸦又像扔抹布似的将石头"吭"的一声抛下。那块石头到底有多重呢？15岁以下的孩子大概是无法搬动的，就是成人去拿起那块石头，都有可能砸着自己的脚。褐背拟地鸦的表现真令人吃惊。如果鸟界要评大力士，它应是首选。

　　以褐背拟地鸦弯钩嘴的力量，打几个洞简直是小菜一碟，但它们更喜欢鼠兔的洞。在草原上，论掘洞的技术目前还没有超过鼠兔的。鼠兔对褐背拟地鸦借宿其家表现得非常大度，对它们造访厨房却很不满。那只翻石板的褐背拟地鸦翻到鼠兔跟前时，鼠兔正在享用早餐，它一边用一根青草剔着牙缝，一边朝着褐背拟地鸦猛扑上去。褐背拟地鸦正一心一意地翻草皮，没料到鼠兔来这么一招，忙双脚起跳，跳开几米。几米哪行，你离我越远越好。鼠兔还是不解恨，又扑过去。跳已来不及了，

图 4　褐背拟地鸦

褐背拟地鸦只能拉了翅膀飞，飞又不是强项，只得摇摇晃晃贴着草地助跑。这时候鼠兔刚好插到褐背拟地鸦翅膀下，看上去就像褐背拟地鸦骑着鼠兔起飞。褐背拟地鸦起飞的一刻，将鼠兔头上的毛剐蹭了一大片。当然，鼠兔也没吃亏，它扯掉了褐背拟地鸦的一根大羽毛。

当人们离开帐篷时，鼠兔们又前脚交叉在胸前"碎碎念"，不知是否在说"欢迎再来"。而褐背拟地鸦则站在帐篷顶上欣赏青海湖日出。

帐篷往后大概几公里，有一个大的湖泊，面积估计有上百亩，当地人叫它海子。青藏高原上有四五千个这样大大小小的海子，并没有命名。围着海子，草原起伏，鲜花满坡，坡上有一个临时搭建的渔棚。不见人，只有一只藏獒卧在棚前打瞌睡，人们到来，它连头都没抬。又是那些鼠兔，对人们充满了好奇。

鼠兔一边在花丛中打滚，一边又忙忙碌碌地觅食。它们有时会抬起头来，闭着双眼，一动不动，像被百灵鸟流水一般的歌声灌醉了。百灵鸟的歌声是青稞酿的美酒，像草原上的鲜花一般芬芳，歌声蕴藏在草原上的每一片绿叶、每一朵鲜花，甚至每一缕空气中。在草原上的所有动物中，没有哪一种能像鼠兔那样既能享受美食美景、欣赏音乐，又能如阳光与爱一般，不受任何约束地在大地上自由驰骋，只有白腰雪雀偶尔会来打扰它。

白腰雪雀带了几个孩子到草地上来找吃的，它和褐背拟地鸦的个性一样，只顾埋头找东西，不料一抬头就撞到了鼠兔的头，鼠兔好不容易找到根嫩草，一下就被白腰雪雀撞掉了。它恼火了，抬起前掌就给了白腰雪雀一下，白腰雪雀没有褐背拟地鸦的跳高本领，往往还没起飞便挨了鼠兔好几掌。它又不长记性，飞开几米后，又到附近埋头找吃的，找来找去又撞到鼠兔的头，又挨几巴掌，又起飞。对于这种不长记性的鸟，多多敲打也是应该。虽然你长得漂亮，但这地盘本来就是鼠兔的啊，你瞧瞧那些绵延的鼠洞，人家都在这儿居住了好几辈子了。

鼠兔有时与白腰雪雀又会结成生死同盟。当大雪覆盖青海湖时，鼠兔们站在洞口望着茫茫白雪傻了眼，只知道一个劲儿祈祷。白腰雪雀却是从来不怕风雪的，总是围在鼠兔洞旁活动，又总是能从雪底下刨出几样好东西，比如几粒草籽，一根草根。它们有无穷无尽的活力，每隔一两分钟就要成对地从雪地上起飞，脚对脚，翅膀对翅膀，打得天地一片昏暗，打得雪花四溅。

大鵟半闭着眼，一直站在铁篱笆上似睡非睡。突然，大鵟起飞了，鼠兔还站在那儿傻傻地祈祷，白腰雪雀便立马尖叫着："鼠兔，快跑！鼠兔，快跑！"一只白腰雪雀冲向了天空，另一只狠推了它一把，同时冲到了鼠兔洞里。大鵟的袭击落空。

甘子河段，黄昏，草原上还有活动的鼠兔。在这里，它们与高原兔结成了友好邻居。高原兔像是患了巨人症的鼠兔，鼠兔站在高原兔的一只耳朵上就如同乘着一艘航空母舰。个头大的有时会犯傻。鼠兔和高原兔结伴到路边玩耍，有车路过，鼠兔立马后撤到草原上去。而高原兔却一直在车前跑，没命地跑。当然，它也是高估了自己跑的速度。当车速提高到80迈以上时，它将长耳朵架成了一张三角帆，让人以为它会直接在草原上扬帆起航。当司机按了一声喇叭后，它的三角帆立马吓得散了架，尾巴伸得笔直，朝着青藏铁路方向飞驰而去，估计要到拉萨吃晚餐去了。而鼠兔就抱着青草慢悠悠地享受。当最后一缕夕阳漫过沙堆时，它会伸伸懒腰，钻到洞穴里，美美地睡上一觉。

不知明天早晨，当它从洞里出来时，高原兔会否给它从拉萨带早餐回来。又或者，它成为别人的早餐。因为在草原围栏高高的栏杆上，面向草地站着一只大鵟。

图 5　白腰雪雀

铁篱笆前的影子——普氏原羚的无奈

　　夕阳即将投射到甘子河的沙丘上。

　　连日的干旱加上刚放牧过，草原上一览无余，草浅花稀。然而，各种身影和声音却昭示着这里有无数跳动的生命。一列火车从沙漠那端悄然而来，又像巨蟒游向油菜花田的深处。高原鼠兔蹲在土堆上半闭双眼，高原兔的大耳朵在灌丛后像移动着的风帆，藏狐竖起漂亮的大尾巴，黄鼠狼打了个大哈欠，草原狼的绿眼珠开始不

怀好意地骨碌碌转……一个小时后直到天明之前,这片土地都会变成夜行者狂欢的会所。

　　太阳穿过最后一片云彩,朝着沙丘疾奔而来。就像手里拖着一支大金笔,将每垄沙丘逐一涂上饱满的金色。于是,青海湖上空便陡然升起了一座座连绵不绝的金山,湖畔的一切随着金山的拓展越发清晰明亮。白色帐篷闪着珍珠般动人的光泽,而那些高高矗立的电线杆、高压铁塔就像树木一样站成了一排钢铁森林。钢铁森林之下,是一层又一层起伏的铁篱笆。随着金笔的起伏,每垄沙丘、每根电线杆、每座铁塔、每顶帐篷、每道铁篱笆都被绘在青海湖上,构成了一幅光彩夺目的巨作。

图6 普氏原羚(一)

普氏原羚跳跃的身影,像是给这幅巨作添上了一对灵动的翅膀。

  1875年,一个叫普热瓦尔斯基的俄国人在内蒙古草原上第一次发现它的身影,从此它便有了这个俄式名字。头顶上一双弯弯相对的犄角就像它身后的灌木枝条一般摇曳多姿,它也同时拥有了一个极富中国特色的名字:中华对角羚。月亮从灌木丛后悄然升起,如同圆盘挂在它的角梢,在黄昏的热闹里,它就像高贵的女王,远远地站在草地上,出奇的安静,好像青海湖的一切美景均与它毫无关系。四周全是优美的歌声,草原上一流的歌唱家——百灵鸟齐聚于此,它们的歌声随着太阳的西沉和月亮的升起而愈发轻柔甜润。云雀在它眼前跳着动人的舞蹈，长嘴百灵匍匐在它的脚下，唱着最迷人的情歌，角百灵站在枝头向它炫耀着多情的颤音。然而，歌唱家的一切火热表演均无法博美人一笑，它就像那个站在烽火台上思念故国故人的褒姒。五十多年前，宁夏、内蒙古、甘肃、青海的草原上到处是它们祖先活动的身影，仅青海湖东部地区就有成千上万普氏原羚儿女。而现在，种群数量总是在几百只之间徘徊，2015 年时曾突破 1200 只，目前，又掉到 800 只以下了。

它们现仅存于鸟岛、青海湖北部、青海湖东北部等狭小地域，在条条道路和铁篱笆之间小心翼翼地穿行，与高原鼠兔、高原兔、狐狸、黄鼠狼及牧民的牛羊为伍，过着朝不保夕、自食其力的生活，连兔崽子都可以欺负它们。狐狸、黄鼠狼和草原狼时时盯着它们的幼崽，这几个家伙无论个头还是跳跃能力本来都要落后它们好几条街，无奈铁篱笆对它们的幼崽来说就是一道无法逾越的铁长城，往往前脚侥幸跨过去，后脚就挂在铁篱笆上了。能全身跨越铁篱笆的也难免要被铁丝划伤。带着一身的伤，不是伤痛气绝，就是成为猎物。

铁篱笆高度不一，最矮也在 1.5 米以上，高的超过 2 米。拣了最低的一处，两个队友紧紧压住两边铁丝，我从铁篱笆中间翻了过去。普氏原羚一直在低头啃草，我几乎是蹲着前行。不过才走了几步，它对我的造访就显得不安起来。它站住不动，脖子反复不安地抬起来又低下去，好像在审核我的人品。对它来说，人是世界上最可怕的动物。这可怕的烙印可能永远刻在了它的基因库中。它的脖子僵住不动，大眼睛里满是不信任。我虽然长得慈眉善目，但人品并没有得到它的认可。虽然大多数人认可我的人品，我也常以动物爱好者的姿态高调出席各种活动。它前腿弓起，后腿拉直，一副随时奔跑的姿态。后来，它可能想在逃跑前轻装上阵，又弯腰塌背，后腿屈膝,变身一只袋鼠的模样,当着我的面撒尿。然而,这时一只黄鼠狼拖着肚皮出现在草地上,它就像见到了老虎似的,立即翘起屁股跑了。它是如此的胆小,连鼠兔都要笑掉大牙。我起身,一抬脚,脚下踩着一个铁疙瘩,手掌大小,边缘带着一圈铁刺,像是某种兽夹。这夹子并没有将我扳倒,因为它已缺了半个角,且锈迹斑斑,想来年代久远,最起码也是上个世纪的产物。我捡了这"文物"原路返回,眼看铁篱笆被往下压低了几寸,便挑了一块大垫脚石,左脚轻松跨过,在右脚即将跨过的一刻,屁股被铁丝上拧的一个小铁叉挂住。我轻抬右脚,再扭一下裤子,

好像铁叉脱离了,一起身,结果身子被牢牢挂住,连左脚也落不了地。我就像一只挂在铁篱笆上的普氏原羚,随风摇荡,过路的汽车纷纷鸣笛向我表示同情和慰问。

队友们跑过来帮忙,要将一根铁丝从裤子上抽出不像捡根草般容易,结果,弄了半天我还挂在铁丝上晃荡。铁丝就像织进了裤子,扯是扯不出了。于是,所有男队友集体向后转,面朝马路,我在女队友的搀扶下,在滚滚车流的注目礼下,脱下了外裤。

图 7　普氏原羚(二)

原来铁叉扎进裤子转了个弯,倒钩着裤子的里衬,要将它抽出来,只会越抽越扎得深。就像上了钩的鱼儿,越挣扎,鱼钩只会扎得越深。

月亮悬起在青海湖,一切都隐没在朦胧的月色里,隐没在湖水的喘息中,隐没在沙丘的脊弯里,隐没在草原的怀抱中。一排弯弯相对的犄角在铁篱笆前游移。明早太阳升起时,不知会有哪对倒霉的角挂在铁篱笆上。

飞跃高原——斑头雁的故事

3月上旬,青海湖尚一片白雪茫茫。当成群的斑头雁飞过喜马拉雅山脉,踏入青海湖鸟岛的冰面时,这里的春天就要来临了。

正在洞中睡懒觉的赤狐,第一个听到了冰面的响动,立即搓着手冒雪蹦出了洞,它实在太高兴了。分别了一个冬天,它是多么思念它们。哦,饥饿漫长的冬天就要过去,小斑头雁,那是多么美妙而温暖的滋味啊。如果你们再不回来,我就要饿死了。而同期抵达青海湖的棕头鸥也拍翅大笑:啊,老朋友,你终于回来了。我可是想死你了,我们又可以做邻居了。作为斑头雁的隔壁邻居,稍后抵达鸟岛的鸬鹚脸上也露出了浅浅的微笑。它的身上还披着一层冰花,冰雪不知什么时候会融化,但鸬鹚早已春心难耐。它们一个个眼放绿光,脖颈上新添了一条从南方带过来的时尚而崭新的白丝巾,根根丝线像无线电似的无时无刻不向外发射着爱的信号。

鸬鹚忙着谈恋爱时，斑头雁垂头在冰面寻找融雪的裂缝。它们急需从裂缝中寻找食物，补充能量。在恋爱与温饱之间，它们得先解决温饱问题。毕竟它们刚从尼泊尔或印度翻越喜马拉雅山而来。它们不分昼夜、不知疲倦地翻越了世界上最高的山峰，历尽千辛万苦才到达青海湖。不料，这里仍是一片冰雪世界。如果飞回去，翅膀肯定承受不了了。亘古以来，它们沿着祖先的路线迁徙，从未气馁过。现在，它们同样有勇气等待。它们坚信，青海湖总会有春风化雪之时。

冰雪在 4 月的春风里逐渐融化，随着最后一批迁徙者返回，鸟岛汇聚了上万只斑头雁，这里成了它们的天堂。它们喋喋不休地诉说着重逢的快乐，交流着异国的

图 8　斑头雁（一）

见闻、风光的美丽，以及飞翔的快乐。有大胆的公雁适时地出现在心仪的母雁面前，或高调表白，或肉麻赞美。一般母雁听到这样的甜言蜜语，便立即羞涩地低下头以身相许，一辈子跟定对方了。也有母雁要考验"情郎"的，跳入水中默不作声。公雁便围着母雁不停地转圈，又是扯脖子又是扇翅膀，还不停地一次又一次将头颈沉入水中，并且对着青海湖发下一遍又一遍誓言："亲爱的，就算青海湖湖水干涸，我的爱情也不会枯萎。"母雁装作听不见，故意把脖子偏过来偏过去。公雁便立即凑到它耳边："啊，亲爱的，就算青海湖干了，我也不变心！"公雁红着脸贴着母雁的脖子，一脸讨好。

恋爱的季节很快过去，当5月温暖的阳光遍洒青海湖时，斑头雁开始孵蛋了。一直四处闲逛的棕头鸥此时来到了老邻居身旁，傍着做窝。它一边做窝，一边数落着鸠鹚的不是。说鸠鹚太抠门了，它帮它们当警卫，赶跑了不知多少赤狐和黄鼠狼，但得到的都是剩鱼、小鱼、死鱼，还是斑头雁讲义气。棕头鸥说着顺手"捡"了几根雁毛垫到自己窝里，还将窝又往斑头雁身边挪了挪。对于这个老是主动靠拢的老邻居，斑头雁实在想不出办法来拒绝。

这时候，赤狐过来了，一脸的坏笑。斑头雁嘴上大声抗议着，却不敢起身去赶。眼看赤狐越来越近，不知哪只刚出壳的宝宝就要遭毒手了。突然，赤狐抱头求饶，一群棕头鸥正揪着它的脑袋猛啄。美艳而可怜的赤狐脑袋上带着几个小窟窿，沾上一身臭烘烘的鸥粪和羽毛，丢下一声狐狸的诅咒和几个臭屁逃了。看到邻居如此仗义，斑头雁悄悄把窝让开，一只"坏蛋"滚了出来，大概那只蛋是孵不出了。作为见义勇为的奖赏，棕头鸥得到一只"坏蛋"当午餐。

当湖畔的油菜花吐出第一根嫩芽时，斑头雁小宝们出壳了。小宝出壳后，父母就带着它们分散到了青海湖的各个角落。在尕海、耳海、海晏湖和沙岛湖,甚至青海湖的支流——布哈河的入海口,到处都可见它们的身影。小宝坐在父亲的背上,就像坐在挪亚方舟里。在世界上最安全的方舟上,小宝瞪着大大的眼睛,像王子一般骄傲巡游青海湖。而小宝第一次巡游的排场实在太豪华了,足以永久地烙在它们的记忆中。父母陪着小宝从出壳的地方出来,指引着它们往青海湖方向走。它们带着对新世界的好奇,磕磕绊绊地小跑着。然后,哥哥姐姐、表哥表姐、七大姑八大姨、叔叔伯伯舅舅,甚至外公外婆、爷爷奶奶,整个家族七八十号,浩浩荡荡跟在后面护送它们。大家一路说笑着,说着鼓励、祝福的话,一直将它们护送到湖边。从此,它们就算是真正的青海湖子民了。

七八月时,油菜花开得正旺,小草也长得茂盛,特别是甘子河地段,长满了半人高的莎草,空气中似乎都是青草的芳香。一对斑头雁夫妇带着它们的 8 个小宝赶来了。那些莎草看上去已经有点显老了,叶尖开始发黄,但是孩子们一看到草地就高兴得尖叫不已。天空开始飘起雨,大风从湖面刮来。莎草缠上孩子们的脚,打湿了它们灰白的肚皮,抽打着它们黑灰相间尚显年轻的脸。它们在风雨中瑟瑟发抖,缩成一团,苦着脸望向父母。可是,父母却自顾自地一边吃草,一边哼着小调,还将翅膀高高扬起,扬成一张大风帆,一副"大风起兮云飞扬"的豪迈之状。相比喜马拉雅山的风雨,青海湖的这点小风小雨实在不足挂齿。"来哦,吃草;来哦,来哦,吃草",父母不停地拍击翅膀,召唤着孩子们。第一个孩子迈开了腿,翅膀也像父母那样张开。接着第二个、第三个……所有孩子将翅膀都打开并舞动,莎草上的雨珠成串地飞过铁篱笆,被甩到了青海湖。草地上传来孩子们的尖叫声。

在这个家庭里,还有一只身份特别的鸟,那就是"寡妇阿姨"。它三年前失去了

图 9　斑头雁（二）

伴侣，这个家庭收留了它。它就自发地担当起了保姆、护士，甚至家庭教师的职责。孩子们都在吃草时，它抬头扫视垄中，又担起了警卫的责任。整个草原都静悄悄的，只在远处有两只红隼起起落落，它们准备抓猎物了。不过，它大可放心，红隼只对草原鼠兔感兴趣。周围还有很多旧友，大群的赤麻鸭、赤嘴潜鸭，还有凤头麦鸡一家、黑颈鹤一家、普氏原羚一家，以及鹤鹬、红脚鹬，都朝它友好地点头问好。甚至连正在打架的两只旱獭也放下拳头，拱着手热情地向它打招呼。它开始怀念它的伴侣了。亲爱的，如果你还在，你真该来看看这个美丽的地方。它仰天长叹一声，眼角闪着泪花。然后它将头沉到草地上，悄悄抹了一把眼泪，朝孩子们走去。

孩子们此刻都吃饱了，吵吵闹闹围着它，央求它再讲一讲它的故事。作为连续

图 10 斑头雁（三）

10 年飞越喜马拉雅山的传奇鸟类，它的故事实在太精彩了。但现在它不想再谈那些昔日的辉煌，只想教孩子们要如何翻越那座神山。它比任何鸟都清楚，那座神山是何等惊险，它的爱侣就已化成了那座神山的一粒尘埃。

湖边最后一片油菜被收割时，冬天的脚步就要来临了。在 9 月一个晴朗的日子里，第一批斑头雁踏上了南迁的征程。随着 10 月底第一批大天鹅抵达青海湖，最后一批斑头雁也走了。但是，它却留了下来。

孩子们曾央求它一起走，并且都愿意照顾它。但是它知道，它的翅膀有旧伤，年龄也大了，它不能成为大家的负担。就算侥幸能飞过去，它也绝对回不来了。它要留在青海湖，因为这里是它出生的地方。它谢绝了它们的好意。一群好心的赤麻鸭收留了它，它每天和它们一起在湖边吃草、散步、聊天、唱着快乐的歌谣。当湖面结冻时，它便和它们一起去溜冰，并教它们在冰面上跳舞。

大雪终于降临，青海湖全面封冻。它在风雪中徒劳地寻找最后一截草根，视线越来越模糊，即将倒下。它似乎看到了孩子们在南亚的土地上高歌；自己与爱侣正横越青藏高原，在喜马拉雅山的山顶高高飞翔。

远方雪地上出现了一个红色的身影，一只赤狐向它慢慢走来。

喇嘛与鸟

雨一直下，我和星智老师在海东市的山岭中穿行，如同驾云一般。站在隘口，偶有风牵云走，山谷中展露出一幅幅色彩明艳的刺绣作品，如同回到烟雨朦胧的江南。一垄一垄的小麦随着地势起伏而呈现浅金、淡黄、黄绿，而青稞展现的是明晃晃的成熟的金黄。远山是墨绿，是赭红，精瘦的小牦牛十分谦逊地在山间游荡。少了颈部那道醒目白圈的环颈雉，在湿答答的麦田闲庭信步，仿佛它们是麦田的主人。

雨势加大，云雾缠绕间，绣品复归群山。山中小溪叮叮咚咚，不受任何约束地钻入一条峡谷，一座红黄相间的佛学院便突现眼前，几道白栅栏由一根铁链系着横于路中。一个小喇嘛（应称"完德"，未来的喇嘛），圆头圆脑，肤色红黑，面容俊俏，一袭红袍斜裹，从佛学院钻出，手拿一书，笑嘻嘻穿过栅栏，宽大的红袍如一面红旗在风中猎猎作响。他沿小溪下行，走到一块栗色巨石下，背靠石头，摊开书本冒雨读起来。跟着，又出来十几个完德，全都挤到巨石下，一手握书，一手互推几下，互踢几脚，时而咧嘴轻笑。那么大的雨，竟无人带伞，且还能在雨中阅读。我想只能套用一句佛家的理论来形容：心中有雨，晴天也是雨；心中无雨，雨天也是晴。

完德读书的嗡嗡声似乎让雨丝变得更加浓密，空气中像添了几丝书香。沿着巨石往上，灌丛密布，野花摇曳，有一对藏鸦在其间跳跃。或跃到枝条上哼几个小曲，或站在岩边认真地倾听完德念经文，一边听一边频频点头，似乎它们也能听懂。它们连穿着打扮也深得藏文化的真传，背部也是裹了一袭红袍。完德有时也会抬头看看它们，四目交汇，藏鸦会跳，完德会笑。笑起来的再念书，跳起来的又凑过来听书。

终于有一个打伞的人出来了，着一件久经风雨的藏袍，是个老喇嘛。他提着两袋馍，开了锁，拉开栅栏，面无表情，脸上带着一丝庄严，连手提的馍也仿佛带了神圣的光辉，咕哝着一句藏语上了我们的车。走了几分钟，遇一个大转弯，车右侧路边忽闪过一个蓝色身影，是一只淋得落汤鸡一般的蓝马鸡。蓝马鸡本来漂亮的蓝羽已被雨水涮得灰白，脸颊被淋得异常清晰，显得红彤彤的，就像完德的脸。蓝马鸡看到车来，先还目中无车地在路边灌丛中溜达，等到车停，便一个劲儿地往山坡灌丛中冲。这时，老喇嘛在车中又咕哝了一句藏语，蓝马鸡就像听到老朋友的召唤，立马停住，眼神放光，来回扫视车身。扫了几个回合，见车并无动静，它眼内的光芒像即将燃尽的蜡烛，摇摇欲灭。它拖着长尾巴想要再次钻入灌丛。右侧车门悄然打开，老喇嘛下了车，对着蓝马鸡的长尾巴再次咕哝了一句藏语。那张红脸从灌丛中抬起来。跨过好几拨高耸的枯木，它一个箭步冲到了老喇嘛跟前，嘴边两撮白胡须因激动而甩到了头顶。老喇嘛弯下腰去，一脸慈祥，朝蓝马鸡伸开双臂，蓝马鸡

图 11　蓝马鸡

直接扑入他的怀中,像孩子扑入久别的亲人怀抱。

老喇嘛蹲在草地上,一边看蓝马鸡啄食,一边和它聊天。老喇嘛问:"你今天怎么下山了,是天冷山中待不下去,还是山中的黄鼠狼又欺负你了?"蓝马鸡一边啄食,一边头和尾巴甩来甩去地算是作了回答。我不知道蓝马鸡说的什么,但是,老喇嘛听懂了。他说,蓝马鸡告诉他,山上的雨太大了,草丛里很难受,它就跑到路上来了。

蓝马鸡陪着老喇嘛聊了会儿,眼看雨势渐小,便又回头往灌丛中去,一步三回

图 12　野鸽

头,老喇嘛向它挥手再见。转了个弯,再上一个小坡,路左侧是一幢砖木结构的三层宏伟大殿。外饰均为樟木,每层一对金色小鹿跪对一个金色法轮。廊柱之上蹲着好几对鸽子,黑乎乎的,像才从烟囱爬过,分不出是原鸽,还是岩鸽,或者是家鸽。老喇嘛说是野鸽,那就野鸽吧。鸽粪洋洋洒洒,已将廊柱到檐边全画满了白色印记。大殿一侧立着一块方形木牌,上有醒目的毛笔手书大字:"佛门圣地,严禁大小便"。

　　大殿群山环抱,四周沙棘树密布。树皮沧桑,枝繁叶茂,树上青果累累,有零星果实开始泛红。沙棘树看上去比老喇嘛还老,估计是上上上代喇嘛时代的产物。

老喇嘛和星智老师到殿东侧的厢房休息,我便站在林木中赏树,忽听耳后一阵嗡嗡声,似有人念经书。回头,什么也没有,这里没有完德,哪会有经书声?是雨声让我生了错觉吧。我又扭回头再看沙棘树,身后又嗡嗡作响,回头,仍是什么也没有。然后,"吱呀"一声,大殿西厢房探出一个头来。

  我不知道如何称呼西厢房走出的那个人,那身红色藏袍和黑红皮肤可以确定他是一个喇嘛,但是,他留着刘欢那样的长发。印象中,凡留长发的男人一般是艺术家。那么,他可能就是喇嘛中的艺术家。艺术家一脸严肃,什么也没说,只是指了指我脚边,然后,又掩上了门。我低头看脚边,至少有30双以上的眼睛正虎视眈眈地看着我。

  我吓了一大跳,平生第一次被鸟吓到,这是一群大噪鹛,全被雨淋得七零八落,披头散羽。它们没有飞,就在地上蹦,蹦到路边被我挡了道,一个个吹胡子瞪眼地骂,那嗡嗡声敢情是在骂我。我也想不通,此路这么长,为什么一定要从我身边过?便站着不动。结果,为首的噪鹛一脚踩了我的裤管。好吧,好女不与鸟斗,我赶紧往东厢房跑去。

  刚跑到门口,头顶又"咚"地被狠狠砸了一下,我眼前一黑,一团黑影越过头顶,地上掉了一地毛发。来不及看是谁,先检查被揪了多少头发,结果发现地上全是灰白相间的羽毛,我的头发一根没掉。抬头一看,厢房廊下一个红绿相间的窗台上,一只野鸽侧着头十分无助地看着我,像一个做错了事的孩子。

  进了厢房,屋内烧着煤,煤烟弥漫,烟囱堵了。喇嘛与星智老师一个扯,一个捅,很快就捣出一桶烟灰,有块状的烟灰疑似鸟粪。想起殿上那几对黑色的野鸽,估计就是在这儿爬黑的。烟灰捣出,一会烟囱便煤烟袅袅,屋内热气腾腾。喇嘛帮我将雨衣挂到走廊,又将我淋湿的外套挂到煤炉前。星智老师递给我一个馍,我们仨一边啃馍,一边闲聊,一边看门外大殿上的野鸽"咕,咕,咕咕"地叫,一只围着另一只不停地转圈,不停地点头哈腰,感觉十分有趣而温暖。

我们聊了一会儿,艺术家提着一个用塑料袋密封的碗进来。他给我泡了一碗茶,想了想,又将茶倒掉,从柜台里拿了另一罐茶出来。那罐茶裹了七八层包装,他将第一泡倒掉,第二泡递给我。星智老师说,他们平时喝安化黑茶,黑茶很好,很适合他们。我立马感到很骄傲,安化黑茶可是我们湖南的。但是,星智老师又说,今天给你喝的是普洱,贵客来了才喝普洱。我的脸红了,艺术家的脸更红。他说,这普洱已收藏了15年。

艺术家拆了塑料袋,一个大碗里平躺着几块烤得有点黑的东西,散发出一股熟悉的香味,但看不出是什么。两个喇嘛极力让我坐炕上,论年龄与资历,我是无论如何没有资格坐上位的,于是就赖在炕边不上去。老喇嘛沉默着,艺术家显得有点语无伦次,星智老师傻笑。有句话说,恭敬不如从命,我还是坐上位吧。我脱了鞋,抹了裤子上的泥,盘腿坐上炕,屋内又热闹起来。大碗推到我面前,三张热情的脸又竭力要我尝那烤黑的东西,说那是喇嘛的日常午餐。我左右手各拿一个,左手圆的,一尝,烤土豆,又香又软又热,好吃;右手拿长块状的,一尝,烤红薯,又香又甜又热,好吃。也不知轮番拿了几次,大碗见底。抬头看见他们都在啃馍。

我们吃着午餐,门口闪进来一个小身影,是一只橙翅噪鹛。它大摇大摆在屋内横逛,地上掉的馍屑,它一粒都没落下,两个喇嘛还各撕了一小块馍给它。末了,它还在煤炉边拉了一泡屎,打着饱嗝,在屋外同伴的呼喊声中,像个小姑娘似的,一蹦一跳跑了出去。

图 13　橙翅噪鹛

　　艺术家看到大碗见底,便又张罗着要为我做糌粑吃。我已吃得很撑了,但久闻糌粑其名,未见过,正犹豫间,艺术家已从柜里抱了三个罐出来:一罐蜂蜜,一罐炒熟的青稞粉,一罐酥油。他另取了一个亮澄澄的木制圆碗,一把同样透着亚光的木勺子,看上去都是年代久远的文物。他从每个罐内各取了几勺,又从柜内添了一样东西,说是曲拉。他把几样东西放到木碗里边搅边搓边揉,最后捏出一个拇指大小的长条状物件。木碗里光洁如新,没有一点杂碎东西沾于其上。艺术家的手也干净如初,没有沾上一点杂碎。初尝,口感有点粗糙,发黏,像我们家乡的炒米,必须借着茶才能吞下。再尝，香味四溢，但要吞下去，还是要借助茶。尝了三口后，感觉肚中食物已撑到喉咙口，便偷偷放下糌粑。艺术家又红着脸说："吃不惯吧，没关系，放下就好。这个很营养的，我们闭关时，就只吃这个和水。"

我们于是聊起闭关的事。艺术家每年都会到山后的石洞中闭关修炼一段时间，少则一周，多则一月。正聊着，那只站在窗台上的野鸽在门口探头探脑，探了三次头后终于迈进室内。进了门，就站在门内侧不再前进，几乎一动不动，只是偶尔换一下脚。搞不清它是喜欢室内的温暖，还是喜欢听艺术家讲闭关。站着站着，它竟然眯了眼打瞌睡。喇嘛朝它身上丢了一小块馍，它跳了起来，啄了一小口，一会儿又单腿站着继续打瞌睡。

我请星智老师帮我拍一张盘腿吃糌粑的纪念照。照了几张后，艺术家走过来说，你应该换一个方位，这样背景有藏文化，光线也更好，色彩更柔和，画面也才更有内涵。说着，他接过手机帮我拍了几张。我一看他拍的照片，果然有大片的感觉，他难道真是艺术家？老喇嘛说，大殿的菩萨都是他画的，附近藏民家的菩萨也都是请他画的。

屋外忽传来一阵激烈的"争吵"，连打瞌睡的野鸽都被惊醒了，匆忙跳出屋外。站到廊上一看，殿前草坪上站着两列大噪鹛，正推推搡搡，脚踩脚，脖子顶着脖子，毛发倒竖，像两群泼妇骂街。老喇嘛用力咳嗽一声，"泼妇们"即刻四散，全都跳到沙棘林里，再无声息。

关上门，我们又继续讨论，正讨论得热烈，"咚，咚，咚"很有礼貌的敲门声响起，艺术家立刻起身，手里抓着半只馍。

门外大雨倾盆，门口并排站着两只蓝马鸡。

热水镇的坑洞

热水镇，顾名思义是有热水的地方，也就是有温泉的地方。温泉我们没敢去泡，因为整个热水镇都是黑咕隆咚的，路面是黑的，路灯是黑的，镇上的饭店招牌几乎也全是黑的。这里曾是个热闹的煤矿镇，现在煤矿整改，关停一年多了。

草原沿公路一线，有很多深浅不一的坑洞。我以为是挖过露天煤矿废弃的坑洞，然而洞并不黑。星智老师说，这些洞是修马路时就近取材挖出来的，牧民和牲畜都远离了这些坑洞。

洞倒是也没闲置，比热水镇热闹多了。小的洞成了高原鼠兔最好的游乐场所。没有草的磕磕绊绊，它们更自由自在。大半端着胳膊半蹲于洞前，就像蹲在自家炕上的一群大爷，向马路上过往的车辆投以注目礼。大的坑洞，洞壁如悬崖峭壁一般，人是无法攀爬上去的。有一对大鵟夫妇看中了一个大坑洞，当然，它们也许还看中了旁边那些小坑洞里的高原鼠兔。大鵟在坑洞壁上又刨了一个小坑，接着，它们当了一回草原上的义务清洁工：捡了一根长绳、两段破布、一大把干树棍、一段黄电线、一节红塑料条，还从热水镇淘得一节破自行车轮胎，从草场的铁篱笆上抽到了五六根生锈的长铁丝，最后是半个绿纤维袋子。它们将那几段长铁丝和半个袋子一道编织成一个防雨罩，在岩壁上建起了一座风雨无忧的大厦。

现在，大鵟夫妇带着两个孩子出外逛草场去了，坑洞里一片静悄悄，只有细雨和微风擦着岩壁的沙沙声。离大鵟家不足十米的岩壁上，还有一个小洞。从公路上看过去，一眼就能看到这个小洞，像一个神龛，大小刚好够一个住家财神菩萨坐在洞口。

图 14　大鵟

当雨势加大时，洞里走出来一个大腹便便的"小财神"：纵纹腹小鸮。它斯斯文文地端坐在洞口的一块小石头上，两道浓浓的白眉朝天指着，睁一只眼闭一只眼。这哪是财神，分明是一个抢财神的。神龛洞口挂着一串白色的干瀑布，那是小小鸮们拉出的粪便结的壳。透过小鸮严肃的脸孔往里看，可以看到它身后立着三个更小的身子，一只一只毛茸茸地颤动着。只要这个母亲一打盹，就会有一个小身子溜到它背后，透过它古板的身子偷偷地瞄一瞄洞外的世界。

当雨势变小后，坑洞外的草地上跳过来一群地山雀。地山雀趴到岩壁上，吵吵嚷嚷，似乎要将整个岩壁都扒一层皮。小鸮皱起了眉，起身离开石头，退到了洞里。

很意外的是，在那群灰不溜秋的地山雀队伍中，出现了一对扇动的红色翅膀。红翅膀上有黑白相间的眼珠在扑闪，分明是一对蝴蝶的翅膀。时值农历 7 月中，草场已难得见到几朵花，早晚气温甚至低到零摄氏度，只有一个解释，那就是红蝴蝶不是来采花的，而是来——采矿的。

果然，红蝴蝶就夹在地山雀队伍中，在岩壁上敲敲打打。但是，地山雀动作粗鲁，像扫大街似的，岩壁上任何一点东西都不放过，连大鵟一家子留在岩壁上的粪便

图 15　纵纹腹小鸮

它们都敲打了三遍,硬是从中搜出了一些宝贝。细沙和小石块像小雨似的被扒到了岩壁下。而红蝴蝶,只是在岩壁上轻轻游移,更多的时候像一个温情的医师,将听诊器耐心地轻贴在病人的胸膛,不停地变换着方位,不会遗漏某一个角落。当地山雀们都放弃这里而奔向草地时,它依然在崖壁上下左右地翻寻。它飞起来了,贴着岩壁,从岩顶直落岩底,干净利落,全然不像蝴蝶那般曲折优雅。这时,我看到了它冲向下的尖嘴和灰色的长圆形身子,竟然是一只鸟!一只红翅旋壁雀。

　　我不知到底是应该称它为鸟,还是称之为蝴蝶,总之它就是一只生着蝴蝶翅膀

图 16　红翅旋壁雀

图 17　纵纹腹小鸮与红翅旋壁雀

的灰鸟，或是一只长着灰鸟身子的红蝴蝶。我还是倾向称它为红蝴蝶，它贴在岩壁打开翅膀的时候，无论怎样看，都是一只红蝴蝶。

　　红蝴蝶在岩壁上飞呀飞，它看到了那座"神龛"，对这个神秘的东西充满了兴趣。它双足踏上了洞口，翅膀还在闪，细长嘴习惯性地往洞里一点，然后它那还没合拢的翅膀旋即展开。它很快就从洞口跳开，跳到洞左下方五六米处，紧趴着岩壁，眼望"神龛"，翅膀耷拉着。它做梦也没想到洞中坐着一个"白眉师太"。

　　本来在洞中躲避地山雀吵闹的小鸮，突然看到洞口一道红光一闪，以为来了一只赤狐要吃它的小宝宝，立刻白眉倒竖，想要与之来一场生死决战。结果，它刚把眉毛竖起来，那道红光却从洞口消失了，它于是跑到洞口去看。

它探出头来，一眼便看到趴在洞下方的红蝴蝶。它开始可能也以为那是一只红蝴蝶，根本就没把蝴蝶放眼里过，放心地半闭上眼。它刚闭上眼，想想又觉得哪里不对劲，那果真是只蝴蝶吗？它往前走了两步，再探出头去看那红蝴蝶。这回，它想笑却又笑不出来。一咧嘴，两道白眉倒竖。红蝴蝶趴在洞下方，想动却又动不起来。

小鸮想喊它的三个孩子来看看红蝴蝶，它退回洞中，红蝴蝶赶紧跳开。

小鸮站在洞口，三个孩子站它身后。红蝴蝶并没有跳开很远，就在洞的方圆 10 米开外游移。小鸮一家看着那只红蝴蝶笑成了几尊佛，红蝴蝶在岩壁上舞成了一朵花。

洞外，草原上，随便拨开一丛草就是煤炭的海洋。过去到了羌仓，当地人称"狼窝"，还有储量丰富的可燃冰。现在，牦牛和羊群在啃草；白色帐篷上升起了炊烟，空气中弥漫着燃烧的牛粪香气；帐篷里，牧民一边吃着手抓羊肉，一边盘算着在大雪降临前要卖掉多少牛羊，要在西宁如何潇洒过冬；羊头连皮带角丢在帐篷外，胡兀鹫在祁连山上盘旋，瞄准了羊头起航；大鵟带着孩子们回来了，高原鼠兔钻到了洞的最深处。

祁连山探险

"啊，它真帅！"

"啊，它真威武！"

"啊，它真让人心动！"

看着星智老师发过来的照片，我像一个初次坠入情海的小姑娘，一下就被迷翻了。照片上，一只雪豹卧在高山上，目光炯炯，藐视群山。无论如何，我一定要亲眼去目睹它的风采。

发现雪豹的地方叫夏格尔山，属于祁连山脉。

出发时，我特意看了车尾厢，发现那里并没有藏着长刀，心里便有几丝发慌。星智老师说山里不只有雪豹，还有棕熊。雪豹不吃人，但棕熊吃人。而且，在我与他之间，棕熊肯定会选我，因为我是女人，肉嫩。我就恳求星智老师带武器，他年轻时候会打猎，岩羊、普氏原羚、雪豹都打过。当然，不是给他翻历史旧账，现在枪当然没有了。但是，揣一把长刀，吓唬吓唬棕熊给自己壮下胆还是可以的。结果，他竟然忘了带。我只能把书上曾看到过的、遇到熊时的各种应对方法都在脑海中搜索一遍。百度不能用了，山里没信号。我当时想到的最好办法是趴在地上装死，熊不吃死物。还有一个道听途说的办法是将独角架充当棍子递给熊咬，熊以为是人的手，咬一口觉得味道不好吃就会走开。关键时刻，只能牺牲独角架了。

印象中的祁连山应是山顶白雪绵绵，山坡绿草如茵。我看到的却是另一番景象：山顶光秃秃的，有无数条巨大的沟痕裸露，像和谁打过一场大架，被其利爪抓伤了似的。一块块花岗岩袒露其中，色泽和花纹倒是与雪豹有得一比。山坡有绿草覆盖，但并不如茵，说有点绿意尚可。整个看上去粗糙、破碎，还很荒芜。沿着一条碎石路往山谷前行，路旁散落着三四顶白色帐篷，有牦牛和羊在吃草，牧民坐在帐篷前倒牦牛奶。快到山谷入口了，路越走越窄，一道铁篱笆将道路挡死。篱笆不远处有一顶帐篷，不见牧民，只能私自拆了篱笆闯进山谷。

谷内，远处山顶云遮雾绕，我们头顶却是艳阳高照。一条小溪无拘无束地在巨大的花岗石间随意流淌跳跃。这是一条冰雪融化而成的小溪，溪水异常寒冷，汽车蹚过时都要打几个哆嗦。水流声响巨大，如雷鸣一般。站在小溪两岸，我和星智老师喊话，声音都淹没在小溪的咆哮声中，只能依靠打手势来沟通。有两头白牦牛立在水中泡澡，溪中无鱼，那么棕熊就不会来河边抓鱼。如果来，棕熊也一定是先攻击牦牛。我于是放心地坐在溪边石上歇息，星智老师举着望远镜在山间搜寻。

花岗石十分凌乱地分布于溪中和两岸，其棱角有咄咄逼人之势。坐上去才发觉其外表冰冷，内心却十分火热，蕴藏的热能足以将我身体中积蓄多年的寒气、怨气、怒气通通祛除。手中握一小石子，就像握着一块太阳能。这让我想起星智老师说过的一个笑话。多年以前，有一位来自南方某省的干部，看到藏族人田中到处是乱石，觉得藏族人很懒，田中的收成一定很差。他想用智慧来挽救藏族人的懒散，于是发动藏族人把田中的石头捡了。这样，耕种方便，来年收成一定很好。来年，耕种以后，农作物果然长势比往年齐整，但作物光长苗不成熟。分析原因，原来是不该捡了石头，作物的成熟是依靠石头积蓄的热量。于是，他又发动藏族人将石头投于田中。看来，千万不能乱动青藏高原上的任何东西，哪怕是一块石头，都可能是生命的源泉。

我坐在石间，周身温暖，空气清新，全然不觉这是高原之上。而且，很幸运的是，一拨又一拨美丽的天使在我周围漫步。它们可能是把我当成了某块岩石，时不时来造访我。

鹧鸪在我面前一遍又一遍地行着屈膝礼，穿着一身精美的棕色制服，像祁连山

图 18　朱鹀

上的门童。它欢快地跳到溪边，在那流动的镜面中，留下了捕捉昆虫的帅气形象。

鸲岩鹨棕褐色的身影在花岗石上飘移，阳光将它的影子叠在石上，分不清哪是它哪是影子。它有时也会跳到山坡上的灌丛下躲避太阳的追求，但是胸前那块橙红色的标志出卖了它的位置。

朱鹀从一出现就让人眼前一亮，它从山坡一路蹦到岩石间，在石间一边蹦来跳去一边又左顾右盼，既不像寻找食物，也不像寻找意中人。蹦到水边最后一块岩石上，它一脸惊喜，闭着眼，"扑"地跳入了水中。它先是站在水中一动不动，搞不清是享受水温还是被水温吓蒙了。半晌，它才脖子左右转动，眼波流转，确定无人在偷看它洗澡后，将整个身子没入水中，只留头部在外。接着，它就变成了一只高速旋转的陀螺，一只会唱歌的陀螺。歌声随着四溅的水花一路向下游飘去，向岩石飘去。忽然，那歌声卡了壳，陀螺踩了急刹车，紧急停下了，似乎水流也停了，整个世界都停止运转了，它的整个身子从水中冒出来，像一个女王。你还来不及欣赏这浴后的女王，它又没入了水中，继续旋转。刚转两圈，忽又跃到了岩石上。你正准备欢呼，它再次跳入水中，溪中又流出了快乐的旋律。在上游悠闲泡澡的那两头白牦牛受它的感染，也朝着山谷喊了几嗓子。

　　石间有苔藓，有浅灌木，从那些尚挂着密密籽实的枝头可知，不久前，这里曾经繁花盛开。现在，只有零星的几株瓦松。瓦松的花茎高突出岩石，红的茎秆顶端缀着层层的粉白色花苞，在绝大多数花朵都已谢幕之时，它朴素的外表更显出一份真诚和温情。在冰冷的溪谷，在乱石堆中，这些朴素的生命并未给岩石增添鲜艳的色彩，却使溪谷多了一份摇曳的生命，同时，迎来了另一个生命的造访。

　　黄嘴朱顶雀有三个宝宝，除了身上的纵纹没有妈妈明显外，宝宝的个头已和妈妈齐平。它们围着妈妈不停地吵着要吃的。在河岸岩壁上，妈妈挨个喂了它们后，实在找不出什么可喂的了，便飞下岩壁到溪谷中找吃的。找了半天也没找到适合的，突然看到瓦松在向它招手，于是兴奋地冲过去，趴下，弯腰，一朵一朵地采，采一会儿又吧嗒一下嘴，将沾在嘴边的花往里塞一塞。采完一侧，又跳到另一侧去采，真像个手巧的采茶姑娘。很快，它的嘴壳和腮帮都鼓了起来。大宝反应最快，立即飞临妈妈身边。下蹲，抖羽，张嘴，可怜巴巴地祈求，妈妈便将嘴里的花喂给它。喂了三次，大宝还一直张着嘴，其实，它嘴边还挂着两朵花咧。妈妈将嘴壳往岩石

图 19　黄嘴朱顶雀

上擦了几把,明确告诉它,已没有了,大宝却还打滚撒泼地要吃,妈妈头一横,飞了。大宝伤心极了,一边抹眼泪,一边将嘴边的花慢慢吞了,然后站在岩石上发呆。它期望狠心的妈妈回来再喂喂它,它的肚子还没填饱咧。然而妈妈好像已遗忘了它,再也没回来。它开始着急,在岩石上走过来走过去,然后,它看到了一株瓦松。它慢慢凑过去,尝试着啄了一朵,接着又一朵,最后,它将整株瓦松的花全啄光了。它的妈妈,站在坡上的一块岩石上,目睹了这一幕。

　　过了这段花岗石,前方停着一辆牧民的摩托车,已没有路了。

也不能说完全没有路,只是路被溪流暂借了。溪流在这一带将整个峡谷都霸占了,又急又宽,流向更错综复杂,水也更深。莫说开车,就是划船也划不上去。溪水将岩壁的下段喷得滑溜溜的。我们只好往上爬。上段岩壁坑坑洼洼,倒是为我们提供了一些攀爬的方便。但总的来说,如果没有登山鞋,没有练过几年太极拳的功底、儿时爬树的经验,我完全有可能掉到岩壁之下,掉到奔腾的溪流中,成为高山兀鹫免费的午餐。现在,在我们头顶的岩壁之上,就有几只兀鹫在盘旋,它们一直等着我掉下去。我最终还是让它们失望了,在星智老师的帮助下,我爬过了那段岩壁。爬过去,一转弯,一山坡的牦牛在向我们行注目礼。山顶上,一只白羊用奇怪的眼神俯看着我。我也奇怪地看着它,一只家羊,怎么就敢爬到山顶之上?而且还是一只白羊,在灰色的山顶间还觉得不够显眼吗?难道它就不怕被雪豹抓?又或者,这山顶已没有雪豹活动了?星智老师说不可能,这山里肯定有雪豹,他去年在这儿拍到过,他朋友也拍到过。

沿着溪流再往前走,又跳过两段溪涧,我们到了夏格尔山腹地。真没想到,此地竟然还有一顶白帐篷,就像一座埃及金字塔。而且也真像金字塔似的,是一个谜。建筑材料怎么过来?谁来住?吃什么?

四周全是峭壁,壁上光溜溜的,只有极少的苔藓分布,有一个猎隼的巢。在峭壁的顶上,屹立着一丛丛绿色的浅灌木,像是给奇形怪状的岩壁编织的美丽花边,让整个岩壁增添了几丝柔情。在那些美丽的花边中,我们发现了一个非常奇怪的图案,呈对称形往两边弯,像两把弯刀。弯刀在灌丛中一起一伏,忽高忽低地游走,所到之处,灌丛倒伏。最后,弯刀架在一只母岩羊头顶,威风凛凛地出现在悬崖边。跟着,又有五六只母岩羊架着弯刀出现,有两只小羊羔在弯刀下撒欢。而在这片峭壁对面的草坡上，有一只孤独的公岩羊正在啃草，它的头上也架着两把刀，只不过，那是两把大砍刀。

岩羊出现就意味着这里是有雪豹的。星智老师要我密切关注岩羊的行动，如果它一直在安静地吃草，那么周围的环境是安全的。如果它们突然往岩壁上跑，那一定是遇到了危险，八成雪豹就在附近。我于是举着望远镜牢牢地注视着岩羊，岩羊站在岩顶上牢牢地注视着我。

最终，还是岩羊先看倦了，它们退回到灌丛中又吃草去了，一群岩鸽在它们的羊角上头绕圈。

在我们极目关注岩羊的时候，身后出现了两个藏族人。一个穿白衣的少女，脸上有标志性的高原红。另一个戴帽子，长发，我一直没有看出到底是男还是女。这一对是母女，还是父女，兄妹抑或情侣？分不清。他们对我们的望远镜表示了极大的兴趣，星智老师把望远镜给了他们，让他们过了一把瘾。戴帽子的看得哈哈大笑，少女热烈地拍掌。看完之后，星智老师问他们最近是否看到过雪豹，他们都摇头。然后，他们朝那座金字塔走去。

我口干舌燥，当时为了省事，只带了相机，连水也没有带一瓶过来，现在只能颤抖着去捧溪水喝。想想牦牛和朱鹮都在溪中泡过澡，还是有点顾虑。但溪水毕竟是祁连山的冰雪融水，透明得如同空气。泡两个澡算什么呢，我们平日喝的水也不见得绝对干净。我捧了一口水喝，纯净甘甜，只是冷得透骨。

也许老天是故意考验我们，先前还只是云雾缭绕，不一会儿下起雨来。我因咳嗽很怕淋雨，雨衣倒是随身带了的。但穿了雨衣还是冷飕飕的，我躲到了岩壁下。星智老师是藏族人，这样的雨对他来说不过是毛毛雨，他穿着冲锋衣敞着头站在雨

图 20　岩羊

中，用望远镜一直朝山顶搜寻。

一会儿，星智老师朝后挥了挥手，示意我向他靠拢。"那儿，左前方的岩石上！"星智老师悄声说。我举起望远镜，那里只有岩石，什么也没有。"再仔细看，那个圆圆的凸起，不是雪豹头吗？"我又顺着他手指的方向看去，是有一个圆形凸起。呀，它真帅！它的胡子都翘起来了！哦，它真就是——一块像豹子的圆石头啊！那是豹子头吗？星智老师，您眼花了吧。"再仔细看，那就是豹子头，快看，出来了，还有一条长尾巴。"我又举起望远镜：咦，那里确实朝天举着一条豹尾！动了，动了，豹尾越举越高，越举越高！嚄，真是雪豹！我揉了揉眼睛想再仔细看，那尾巴却又隐到石头后去了。

雨越下越大，溪水暴涨，天也将黑，我们不得不回去了。先前看到的豹子头和豹子尾全都淹没在雨雾中，再也寻不着。

鄂拉山战斗——藏獒 VS 牦牛

在共和县城吃完早餐，我们便朝鄂拉山挺进。

因为起得早，路又平整，加之视野里总有看不到尽头的白云、山峰和绿草地，草地上老是低头啃草的牦牛和绵羊，开始还兴奋一阵，然后车厢里有人一声哈欠，渐渐便哈欠喧天，慢慢响起了低沉的鼾声，最后整个车里安安静静，像草原上一样。司机开始按喇叭，接着高喊，不能睡啊，不能睡啊，过了鄂拉山才能睡啊。我很烦他来吵醒我们，咋就不能睡了？不能睡啊，快醒来，快醒来，不然，你就永远醒不过来了。司机又拼命按喇叭。原来，高海拔之上真不能睡，真有人永远地睡过去了，我们于是强打精神嘻嘻哈哈。

鄂拉山垭口终于到了，海拔4499米。它是唐蕃古道上一个声名显赫的垭口，是唐代以来中原内地去往青海、西藏等地，乃至通往尼泊尔、印度等国的必经之路。当年文成公主远嫁吐蕃王松赞干布就从此垭口路过。路边有个铁皮垃圾桶，有五颜六色的经幡迎风招展，绵延上百米。经幡之下有反复的吟诵声，但我转了一圈都没看到念经的人坐在哪里，难道是风在念经？看我们围着经幡转，饭总高声嘱咐，这里不能上厕所，是圣地。经幡是不容亵渎的，这条朝圣之路，当然也不容玷污。可是，那经幡之下有牛粪还有羊粪粒粒，我都踩了好几堆。

当然，人不能和牛羊比素质。那么，上鄂拉山吧。但是，那是神山，更不容侵犯。想来想去只有公路两侧，我们便沿路去找一个可方便之处。在公路下侧，终于发现了一个又大又深的露天坑，像是挖什么矿后废弃的。我准备起身时，却发现废矿后的山坡上，就在我头顶，一双圆圆的大眼睛有意无意地瞟着我。

那是一只大鵟，微风掀起它胸前金色的外衣，它就像一个披着黄金甲的圣斗士，帅得无可匹敌。被"帅哥"这么近距离地瞟让人惊喜又尴尬。我站起来后，它站在篱笆桩上对我发出各种警告，好像我侵入了它的地盘。它先是压低身子，翅膀往两侧微张，整个身子变成了一个半椭圆形，就像一枚即将发射的大炮。然后它身子压得更低，与桩子完全平行，演变成了鱼雷的模样。接着，这枚鱼雷夹着双翅将尾巴高高翘起，朝天打了一炮，那是一坨分量不轻的便便。接着它便摆尾、摇头，一片片绒毛如雪花一样撒向空中。最后，它恶狠狠地瞪了我一眼，双腿一蹬，飞向了空中。

图 21　大鵟

山顶最高海拔 5200 米，从山脚看去无非一个小馒头。馒头看似小，但要啃下去也绝非易事，有人事先便放弃了。我们几个慢慢地啃，饭总带了两个"95 后"往前冲，很快就只能让我等仰视了。

山腰有几顶帐篷，一大群牦牛在山间啃草，我们必须穿过牦牛的队伍才能抵达山顶。牦牛看上去都很老实本分，一心吃草，只有极少几头胆大的敢与我们对视。我们也很老实本分，一心赶路。当牦牛看着我们时，我们立马撇开脑袋。我们可不敢与它们对视，怕它们的牛角。

越是怕，越是有牦牛盯着我们，一头大牦牛甩着尾巴直冲我们来了。坏了，看那牦牛的个头，至少有 50% 的野牦牛血统，我们全都吓得面色惨白，双脚颤颤不敢动。这时，我们身后突然爆发一阵狂吠，大牦牛像听到了战斗的号角，在我们身前突然拐了一个急弯，朝着狂吠声冲去。

一只藏獒救了我们的命。

我对藏獒的印象历来不太好，但此刻它成了我心目中的英雄。它被一条铁链锁着，身旁放着一个硕大的冰铁盆子，比猪食盆子都大。它的头又圆又大，头上的毛发倒竖，像一头发怒的雄狮。它正值换毛期，后腿部滚着几层尚未褪去的旧毛，上面还挂着几坨泥巴。但这些丝毫不影响它的形象，相反，它看去更像一个远征归来的将军。

大牦牛冲着藏獒撞过去，藏獒跳了起来，它正好闲得骨头痛，很久没有干过架了。它只不过是喊了几嗓子，喊小主人给它送几根牛骨头过来，它有点饿了。好吧，牛骨头倒是自己送过来了。它一声咆哮，后脚着地立在空中，将铁链抖得哗啦啦响。接着，它又放下前脚，来了个倒立，铁链又哗啦啦响，在它脚下就像一条扭动的铁蛇，随时都可以成为它攻击对手的武器。大牦牛第一招过去，没提防被铁链绊了一下，差点就四脚朝天。不过，它也算是见过场面的，它的父亲就和狼搏斗过，它还会怕这看家狗？它倒退了几步，将角往下一横，再次撞了过去。

咆哮声戛然而止，分开后，藏獒的嘴里叼着一撮长毛。

那是大牦牛脖子上的长毛，这一战，藏獒又占了上风。但是，只有它自己知道，它后腿上那几层旧毛蹭掉了两大块，连同旧毛上的泥巴也不见踪迹。

藏獒吐了长毛，往后退了几步，大牦牛也往后退了几步。有几头牦牛慢慢往大牦牛旁边靠拢，不知道是给它鼓劲还是劝它别再打了。但看情形，鼓劲的可能性更大。因为大牦牛又向藏獒靠拢了。

藏獒一边吐着舌头,一边四脚往地上拼命地刨,一边狂吠。草皮飞出去了,沙粒飞出去了,铁链似乎都要起飞了。它越刨越快,把大牦牛弄得稀里糊涂的,难道它要将鄂拉山刨成飞机场?

不行,变成飞机场了,那牦牛还吃什么,吃土?大牦牛气得口吐白沫,双眼充血,双角乱摆,又想起这看家狗平里在牦牛群里趾高气扬的,今天,就要教训教训它。

藏獒在刨土的当口,脑子也一直在转。对这头杂种牦牛,它老早就想教训了。主人派它看护牦牛群,别的牦牛都乖乖听话,唯独它不听调遣,不听安排,喜欢到深山野岭去鬼混,害得它经常被主人咒骂着去找。今天,非教训教训它不可。

没有看清到底是谁先扑向谁,没有咆哮,在一阵强烈的喘息声中,只看到大牦牛的角顶在藏獒的脖颈处,藏獒被压在大牦牛巨大的躯干下,一动不动。到底还是有野生的血统,大牦牛最终胜利了。

大牦牛开始摇摆尾巴,就像摇着一面得胜的旗帜。奇怪的是,那面旗帜越摇越快,在空中与地面之间横扫,就像刚才藏獒刨地一般,草皮飞出去了,沙粒飞出去了,连尾巴似乎都要起飞了。在这紧要关头,帐篷里面飞也似的跑出一个七八岁的藏族小姑娘,手里握着一把笤帚。她举起笤帚就往它们俩身上狠命地打,打了半天没反应。她抱起地上一块石头,狠狠地砸过去。

两头猛兽分开了。

藏獒嘴里又叨着毛,这次不是一撮,而是一捆,足可以当它过冬的棉被了。大牦牛头顶少了一块毛,成了一个大癞子。癞皮处,有血迹慢慢渗出。

小姑娘站在它俩中间,一手揪着藏獒的耳朵,一手揪着大牦牛的角。山上安静了,只剩小姑娘尖厉的怒骂声。

帐篷顶上升起炊烟,鄂拉山上牛粪飘香。

一道亮丽的红光落在了山坡上,藏雀现身了。它站在鄂拉山顶,像站在世界冠军的宝座上,向全世界扬起了手中的金牌:一条肥壮的虫子。又有两只藏雪雀向它靠拢,一只西藏毛腿沙鸡迈开了大步,还有一群雪雀的大部队正在集结:白腰雪雀、棕颈雪雀、棕背雪雀。

一场新的战斗又将在鄂拉山上打响……

图 22　藏雀

藏野驴的爱情

它朝山顶一路小跑。

从鄂拉山往玛多去的方向，转过鄂拉山垭口，在茫茫草甸与蓝天交接之处，有一头藏野驴。

我年少时在县城见过驴。驴拉板车，一般两头并排，黑不溜秋的，要么拉一车预制板，要么拉一车藕煤，长脸上挂着愁苦的表情，埋头往前拉。每每到大西门新华书店那个大长坡，缰绳就一步一步勒进驴脖子，它们便"嗯昂，嗯昂"地大叫，四条短腿不停地在坡上刨，眼睛都要鼓出来的样子。赶车人拼命抽驴屁股，嘴里不停地"驾驾"，鞭子抽得驴粪"叭叭"掉。有次我实在看不下去，便帮忙推了一把，赶车人一个劲儿地感谢我。我其实并不是要帮他，我只是想帮驴而已。

我从未想到驴竟然可以长得如此之帅，帅得无可救药。若说家养的驴与藏野驴有相似之处，就好比武大郎与武松。它在孤独前行，脖子前伸，耳朵朝天举着，像举着两块小盾牌，盾牌后的脖颈上有一丛精致的鬃毛。尾巴有点像马尾，但马尾只能算一把扫帚，而它的尾巴更像道士手中的拂尘，后段光滑而精致，只在尖端缀着一层毛发，随着身体起伏而上下抖动。除此之外，全身其他各处便再无多余毛发。如有，也一定是用梳子和剃刀及剪子精心修剪过，就像一个精致的男人对待他的脸，肉眼只能见到一张细腻的皮。皮的颜色是那种低调的奢华，从下嘴唇开始，沿着身体中轴线再根据肩、腰、臀的曲线起伏，划了一条十分清晰的界线：上部棕红，如烤熟的面包；下部浅白，是青藏高原上云的色彩。因有这样清晰的界线，它全身的肌肉显得更有线条，每次移动，那些优美的曲线跳动，像拨动的琴弦，也许只有青藏高原才能创造出这样独特而神秘的乐器。我觉得"藏野驴"这个名字用在它身上实在太俗气，它应该有一个富有诗意的名字，一个带有王室的高贵、诗人的优雅而又迷倒众生的男性名字。

发现我们都在关注它，它便站住，回头迎着我们的目光。既不刨蹄子，也不打响鼻，只安静地看着我们。它的长腿时不时踢踏几下，看得出腿上有道明显的伤痕，眼中闪过一丝失意，它大概是不久之前爱情争夺战的失败者。对于它的失败，我们能做的就是安静地走开，让它独自到草甸深处疗伤。

图 23　藏野驴（一）

图 24　藏野驴（二）

　　沿公路继续前进，不到 30 分钟车程，草甸之上又出现了藏野驴的身影，一大群，至少上百头。

　　昆仑山脉绵绵相连，发出蓝幽幽的光泽，在此处围起一个巨大的盆地——柴达木盆地。盆地深处有一条沙石小径，这是一条"驴径"，藏野驴沿着这条"驴径"啃草。它们的长脖子几乎全朝一个方向弯曲，且连角度节奏也都一致，分明就是一把把排列整齐的驴头琴，像是有谁在指挥。也有个别不听命令的小驴。一头小驴跟着大部队，不想吃草了，就用鼻子去摩妈妈的肚皮，妈妈往前紧走几步，把它甩了。它又去追，直接钻到妈妈胯下，妈妈后腿一紧，又把它甩了，只管自顾自地啃草。

它又追上去,围着妈妈打圈圈,不停地喊饿,害得妈妈不能啃草了,只好站住让它喝奶。这时,又过来一对母子。看到那头小驴喝奶喝得欢,这头小驴也开始撒娇了。一会儿把头伸到妈妈头下,左右摩着妈妈的脸;一会儿又拿耳朵去搔妈妈的胳肢窝;一会儿又拿小屁屁去顶妈妈的脖子;一会儿用自己的头强架着妈妈的头去看那对母子。总之,能想到的讨好妈妈的办法它都做了。

灰尘中,一头野驴倒下了。啊,不会是草原狼来了吧?小驴赶紧躲到了妈妈怀里。

远处,有个红色的小小身影在草甸上迈着欢快的小碎步,像是一个回娘家的俊俏小媳妇。那"小媳妇"并非狼,而是一只赤狐。它的眼睛在乌溜溜地转,目标是鼠兔。赤狐想吃野驴肉,那也是想得美。野驴随便尥个蹶子,赤狐都会被抛到昆仑山上喂兀鹫。野驴大部队阵脚完全没有乱,只有"沙沙"的啃草声。

　　一头野驴走得好好的,双脚突然一跪就栽倒了,在栽倒的一瞬顺势一滚,前脚勾着,后脚伸直,双眼紧闭,静止着朝天举了十几秒。接着,前脚抖了两下,就地旋转了90度。你还在为它担忧时,它又反过来旋转了90度,四脚笔直朝天。灰尘冲天,它不紧不慢地抬起了头,双眼微微闭着。你以为它会站起来,结果,它又倒下了,继续打滚。来来回回滚了四五个回合,它才慢腾腾地站起来,心满意足地晃晃脑袋,摇摇尾巴,又用力抖了几下,伸了个懒腰,便弯下脖子继续啃草。

　　就像得了传染病似的,"嗵""嗵",又倒下了两头驴子。它们滚的幅度更大,四肢伸得更直,脖子埋得更低,扬起的灰尘也更浓,像是老天丢下了两枚烟幕弹。

　　小驴从妈妈怀里钻出来,趴在地上看着那些打滚的驴,眼里装满了羡慕和嫉妒。什么时候它才可以和这些大哥大姐一般,想打滚就打滚呢,那一定是世界上最有趣的事儿。

　　这边驴打滚,那边地平线上又划过一道烟尘,天边出现一个幻影。很快,幻影里钻出一个黑点,黑点一起一落,接着传来蹄子敲击的声音,一头帅气的公野驴出现了,它兴高采烈地朝着野驴大部队冲过来。它的"女神"在那里,它就要见到了,真是太好了。自从那次在野驴群中见了它一眼,就再也忘不掉它的容颜。那温柔的大眼睛、充满光泽的皮肤、优雅的长脖子,还有肉鼓鼓的翘臀,让它在梦里无数次呼唤"女神"的芳名。它冲"女神"抛去爱的信息，眼神像高山上的辣椒，像冬天里的一把火，又辣又烫。还没来得及欢呼，突然横着蹿出一头大公野驴。大公野驴怒气冲冲，仿佛在说，我才是塔里木盆地的王爷，你这小子竟敢到我的地盘上来打我的女人的主意，先尝尝老子蹄子的味道吧。"王爷"踢起两脚沙，扬起的沙尘立即淹没了四肢。在那个"帅哥"即将冲到"驴径"的一瞬，"王爷"四蹄腾空，眼看就要全身架在"帅哥"身上，"帅哥"身子往左一摆，躲过了这一击，迈开蹄子又没命地朝前奔。

一击落空，"王爷"又抬起右前脚，一脚铲到"帅哥"左后脚，同时嘴巴紧紧咬住"帅哥"的臀部。没看到"帅哥"回击，只看到"王爷"在奔跑。

"帅哥"本来想放弃，这时它的"女神"转过脸来。它陡然间便增加勇气，将身子一撇，终于摆脱了"王爷"的追击。

"王爷"本想放弃追击，又不想丢了面子，紧跑了几步，咬住了"帅哥"的尾巴。"帅哥"又窘又痛，紧夹着尾巴蹲了下来。

所有低头啃草的头都抬了起来，惊讶地看着这一幕，只有"女神"落在队伍最后，默默低头啃草。它很清楚，那两头公驴是为它而战。

"王爷"觉得自己还是有必要表现大度的一面，便松了口。"帅哥"立即抬腿奔起来，它跨过两头打滚的驴，跨过趴在地上看驴打滚的小驴，绕过正在喝奶的小驴，从啃草的大部队面前狂奔而过，最后从美丽的"女神"身后飘过。

"王爷"觉得爱情还是不能退让的，便抬起腿，奋起直追。

两道烟尘愈来愈高，愈来愈远，在起伏的草甸上划出一道长长的航迹，直到天际。

高原清洁工——高山兀鹫

从玛多到玉树,沿路依然是白云、草场和翻不完的垭口。但是,这一段我们却没有打瞌睡,那双狐狸的眼睛让我们没有时间去打瞌睡。

大张的眼睛小,但是又精又亮。茫茫草原,在飞驰的汽车上,他竟能用肉眼扫到一只数百米外的小小藏狐。

图 25　藏狐

那只藏狐正在草坡上迈着碎步,在洞和土坷垃间搜寻高原鼠兔。它的后腹和尾前端还有尚未换完的旧毛,拖着一条灰白相间又蓬松的漂亮大尾巴。它始终侧面朝着我们,它的侧脸并不帅,有点长,看上去有几分狗的模样。发现我们在关注它,它加快了碎步,一直往山顶奔去。奔到山顶时,它转过头来扫了我们一眼:鄙视、茫然、怨念、微笑、狡猾、冷漠……五六种表情堆集在那张方脸上。然后,带着一脸的神秘消失在山那边,让我们在山这边傻笑、伤感、遗憾。

我们真是要伤感。沿路车辆极少,而在我们前方突然停了三四辆超长货车,像

图 26　高山兀鹫

一道长城似的堵住了我们的去路。我们按喇叭,那些车主还一个个凶着脸朝我们"嘘"。我们下车,正准备与司机理论,却发现公路边站着两只十分丑陋的家伙——高山兀鹫。

如果要评最美的鸟,可能每个人心中都会闪过无数美鸟的形象,我也会在寿带、虹雉、红腹锦鸡、太阳鸟、蜂虎中反复衡量,可能五年十年都举棋不定。但是,如果要评最丑的鸟,那就非高山兀鹫莫属,连乌鸦都要比它漂亮至少一百倍。

丑不是你的错,但你至少要有自知之明,不要跑出来吓人。高山兀鹫好像全然不知这些,还觉得它长得又高又大又壮很了不起似的。它竟公然站在马路上晒翅膀,一边晒还一边转着光秃秃的脑袋,左顾右盼,对来往的车辆和司机频频抛着媚眼。一些胆小的外地司机开着车,忽然看见它,会吓得一路加速冲到玉树才敢踩刹车。那些停车观看的,一定是胆大不怕死的。

一只在晒翅膀,另一只把头紧缩在脖子里,佝偻着腰身,尾巴向下垂着,时不时把那秃头扯出来望一望,一双死灰一般的眼睛不怀好意地打量人几眼。

路基脚下,赫然还有三只高山兀鹫,看毛色与外形,应是三兄弟。在它们脚下,一个水坑里倒着一头牦牛。

那头不幸的牦牛是过马路时被一辆货车撞死的。

现在,牦牛躺在水坑里,水面上能看到的就是一副骨架,小半个身子和内脏淹在水中。空气中散发出一股难闻的臭味。

猜不出是谁第一个嗅到死亡的味道,也猜不出牦牛那半个身子是谁先搞走了。现在看到的是,两只高山兀鹫在路边晒太阳,三只高山兀鹫在路基处徘徊,一只黑色的藏狗正将整个头颅埋到牦牛肚中,一只渡鸦在藏狗身旁跳来跳去。

图 27　高山兀鹫和渡鸦

藏狗实在看不出有什么惊人之处。论外貌，和它表兄藏獒相比，就像家驴与藏野驴，一个是武松，一个是武大郎。为了表明它出身的不凡，它特意在前胸文上了一个新月图案。它可能也真是不凡，方圆几百里、几个县，我们就看到一只这样的藏狗。

藏狗一直埋头吃，那"三兄弟"就跳，快跳到牦牛身边时，藏狗突然抬起头，恍惚间，它胸前那个新月标志让它化身为一头黑熊，"三兄弟"急忙往后退。

藏狗又将头埋入牦牛肚中，这次它碰到一根难啃的骨头了。它撇着头，拼命去咬那根骨头，骨头纹丝不动。啊，机会来了，"三兄弟"立刻扑过去。大哥在头部捞到了一块肉，二哥在胸部捞到了一根肋骨，三弟也在尾部也就是藏狗脚下捞到了一节肠子。渡鸦也趁机捞到了一块碎肉。

藏狗还在和那根骨头较劲，"三兄弟"和渡鸦又跑过去捞了一把。它们捞第三把时，藏狗突然清醒过来，丢了骨头一个转身追过去恶狠狠地吼了几声。"三兄弟"先前还将头昂着，将翅膀扇得哗哗地响，当藏狗将牙齿都露出来后，它们就乖乖退到了马路上。

也许对付那根骨头让藏狗耗尽了精力，也许是已吃饱了，它追过去后并没有立即退回来，而是懒洋洋地在路基下散步。"三兄弟"又扑着翅膀跳过去。

它们才不过啃了几口，藏狗又回来了。不过，这次它没有去赶它们，而是挑了那根骨头继续啃。那真是一根难啃的骨头，而那"三兄弟"对付骨头的水平显然远在它之上，每根骨头都剔得干干净净，玲珑剔透，只有象牙可与之媲美。特别可恨的是那个"大哥"，竟然还拿起一根骨头当牙签用。藏狗越啃越来气，跳起来就扑到"大哥"身上，"大哥"忙轻身一跃，连牙签都不要了，蹿开一丈远，停下来，老实巴交地看着藏狗。藏狗还是不解气，"腾"地又跳起来，挥起前掌又朝"大哥"拍去，"大哥"又跳开一丈远，停下来，再次可怜巴巴地看着藏狗。藏狗恶狠狠地瞪了"大哥"一眼，回头去啃它的骨头。"大哥"弓着背，背着双翅，悄悄朝牦牛靠近，还没站稳，尾巴毛就被藏狗扯掉了两根。它踉跄着退了两步，被逼起飞了，一边飞一边皱着眉头。

它飞到远远的草地上，拣了个最低洼的位置蹲下来，满脸说不出的委屈和无奈。在那里，零零散散地站着它的几个朋友，都一脸同情，甚至带有几分嘲弄的表情看着它。那几个朋友，如果有藏狗在，是从来不去冒险的。

好了，"大哥"都被赶走了，那两兄弟就更只能靠边站了，这份美食只能由藏狗独享了。然而，还是有主持正义的。一个大货车师傅终于忍无可忍。眼看那"三兄弟"被赶走了一个，剩下的都可怜地站在他的车胎旁晒翅膀，他打开车门，捡起一块石头就朝藏狗砸去。藏狗正埋头啃牛排咧，冷不防被砸了脑袋，还没摸清门道，又一块石头砸过来。它跳起来，蹿上公路，朝着货车就一通狂吠。货车师傅又捡起一块石头朝它砸去，这次砸中了它的一条腿。它一边吠着，一边跷着一只脚，一拐一拐地夹着尾巴逃了。它做梦也没想到，那些高山兀鹫竟然还请了打手来帮忙。

藏狗往前跑着，其中一只晒翅膀的刚好转过身来，迎面碰到了藏狗龇牙咧嘴地朝它奔过来。它吓了一跳，连翅膀也来不及收，索性张开翅膀一副视死如归状。藏狗本来就已被打昏了头，突然碰到一只翅膀大开的高山兀鹫，只怕翅膀下还藏着什么暗器，连头都没抬，就一溜烟儿跑了。

渡鸦是藏狗走了以后第一个跳到牦牛身上的，它得抓紧时间搞几手好货。在高山兀鹫的大部队到来之前，它已经吞了三块腿肉、一段小肠、半叶牛肝。最后，它远远地飞到草地上，享受午后的暖阳。

晒翅膀的终于搞清了情况，不过已经迟了点，牦牛的尸体旁至少站了它十个兄弟朋友，还有三四个朋友在外围观望。它们为了争抢牛肚的位置正打得不可开交，抓头，戳眼，踢脚。先来的霸着不让后来的进，后来的就死命往里挤。最后，不要说那些剔得如象牙般的肋骨，就连牦牛的皮都没有了。空气中那股臭臭的味道也神奇地消失了。

那个掷石头的货车师傅非常开心，吹着口哨，笑眯眯地开车离开。

我们继续往玉树去,回头再看,草场的上空升腾起了无数只高山兀鹫,它们正往山顶盘旋。而在更高的雪山顶上,出现了一只胡兀鹫的身影,它该是去收拾那些大骨的。

探秘三江源

玉树,听名字就是一个美丽的地方,一个有美丽的树的地方。从玛多过来,甚至从青海湖过来,一路上就没见过几棵树,山倒是一座比一座高。因此,当玉树的山上有成片成片的大树时,就像青藏高原打开了另一扇窗,透过这扇窗,我们见到了新大陆。

天上全是白云,天气很热,我们到一个四川蔬菜店买了些苹果、梨、桃、葡萄。店主算账又慢又仔细,我想这是川藏人的习惯。出店门过马路后,店主大叫着,直闯了红灯追过来,朝我拼命喊:站住,你站住。我以为少给了钱,让他不惜冒着生命危险来追我。店主一边喘着一边递给我一个水杯,原来是我将它落在店里了。一行六七人,他竟然知道是我落下的。接过水杯,我说,回头再到玉树,我还到你店里坐坐。结果再经过玉树时,车没在街上停,蔬菜店在车前一闪,将我满怀的愧疚印在了店玻璃窗上。

玉树在藏语里的意思是"遗址"。大街上有一个非常醒目的遗址——玉树地震遗址。那是一栋两层结构的房子,从残存的图案和纹饰,尚看得出,这曾经是一幢非常漂亮的大楼,一楼比较完整,二楼墙壁开裂,歪斜着骑在一楼上,旁边另用钢筋、石墙维护着。我们都议论着还算好啊,只要跑得快,没大事。一面夸房子的基础结实,一面讨论着到底是住楼上安全还是楼下安全。当我们走到遗址的侧面,方才发现骑着的实际上是三楼,二楼整个被挤压掉了。

可以想象,当年那场 7.1 级地震是何等惨烈。

每辆经过这里的车都会自动慢下来。

过遗址不远,有震耳的涛声传入,通天河展现眼前。《西游记》里,唐僧师徒四人便被堵在此河。八戒朝河中丢了块石头,石头咕咚咕咚往下沉,河水深不见底。悟空驾云看有多宽,结果那白日能看千里的火眼金睛竟然还看不到边岸。最后是老鼋帮忙,驮着师徒过河。取到真经之后返程,再过通天河,因有负老鼋所托,师徒落水,经书也湿了,河边晾经石犹在。这见此景,我忙把蔬菜店地址发给青海的朋友,委托他代我再去拜访了一次。

河岸立着一块巨大的石碑:三江源自然保护区。三江即长江、黄河、澜沧江。三江的源头是少时地理课上必背的项目,发源于巴颜喀拉山、唐古拉山、沱沱河什么的,还从发源地开始,画沿途经过的省份和省会城市,矿藏也一个不漏地标出来,直到入海口。那几座山的名字既难写又难记,至今还搞不清到底是什么意思。至于源头,这一年画到青海,隔年就画到西藏,再隔年就到了新疆,总之是那一块,到最后还是搞不清到底在哪儿。实际上,玛多的藏语意为"黄河源头",治多为长江源头,杂多为澜沧江源头,通天河即长江流经玉树州的名字。藏族同胞已经很明白地告诉世界,谁是谁的源头。

兴高采烈的河流从洒满阳光的山谷奔腾直下,拐过两个弯后直到一段开阔河谷才放缓脚步。河谷左右两边各铺开了一片蜿蜒的带状草地,鼠尾草成串的紫色花朵在其中频频点头。大树依着草地边线，一层一层往峭壁递进，在峭壁的岩岬上还有一些蕨类植物、开花植物，以及绿油油的松树探头探脑，像孩童似的与你捉迷藏。在这道天然的绿色屏障之下，红色和灰色的基岩闪耀着星星点点的明亮色彩。

河中有道水流冲出的长而窄的浅滩，上面密布着大小不一的浅灰色石头，一只鹮嘴鹬沿着石滩不停地点头抬头，显然在觅食。如果不是那又长又弯的红嘴，又或者它不走动，要把它从那堆石头中分辨出来，真的需要借悟空的那双火眼金睛。其实，在这只移动的鹮嘴鹬身后，一直有另一只背对着我们晒太阳。当它摊开翅膀将全身抖成一束舞动的花时，红弯嘴在阳光和河水的映衬下化成了一段小小的彩虹。我们这才发现，错过了一段精彩的美人出浴图。在石滩边沿，有一个蓝白相间的东西半掩于石堆中，河水将它冲得时隐时现，抢走了我们关注的眼神，我们以为是什么新物种。河水咆哮着将它从石堆中拽出来，抛到出浴的美人身前，我们看清那是一只耐克球鞋。无奈美人不识耐克，对于那个世界名牌连头都没抬。它伸出一只脚往脸上轻轻搔了一把。

沿山谷穿行，总会有一汪汪湛蓝的湖水呈现在面前：或在密林深处，或在峡谷底部，或在光秃秃的台地，或在某一个拐弯处。那些湖泊看上去是如此年轻，当我们从它们身边经过时，它们会大睁着初生婴儿般纯净的眼睛打量我们。没有谁在湖岸流连，没有骑自行车的，没有步行的，环湖也没有一顶帐篷，连驴友、牦牛和羊都没有，阳光和山的倒影是它唯一的花朵。总之，没有人类到访的足迹，连与人类关系密切的物种都很少有。但是，这些与世隔绝的处女地就像从树上掉下来的果实一般，并非完全没有常驻居民和快乐活泼的造访者。鸬鹚就总是摊开翅膀在湖边晒太阳，斑头雁一直昂着头散步，普通燕鸥从来没有停止过在空中悬停，好像永远在

图 28　鹮嘴鹬

捕鱼，湖里也永远有捕不完的鱼。我们除了在车内赞叹和用手机狂拍外，没有一个人下车。哪怕对着它吹一口气，都觉得有可能惊扰它的宁静。

　　穿过湖泊带，山谷豁然开阔，一条巨大的黄龙——扎曲河，即澜沧江的正源，横贯山谷，奔腾而出。时值盛夏，并未到色彩浓艳之时，但是夕阳给扎曲河谷涂上了浓墨重彩的一笔。河上架着一座古桥，桥栏挂满五彩经幡，桥面铺着整齐的红色石头，石上写满字，一直从桥南铺到桥北。阳光将石头连同石上的字符通通印在桥面上，我们一边在石头阵里穿行，一边猜着字谜。就像经幡上的符号，我们永远猜不透其中的含义。桥墩的造型和上面的雕刻图案都极复杂，我从未在任何一个建筑物和画册上见过，连蜜蜂都要对那样的构造啧啧称羡。桥上没有车辆经过，人可以自由自在地穿行。整座桥身罩着一层佛光，显出圣洁的光彩，直似一座天桥。蓝天上尚有几缕闲散的白云，河水是那种带有铁锈红的黄，每一斤水里至少带有八两从沿途山上搜刮下来的黄泥，还有二两数不尽的金银铜铁铅等各种矿产，浓得可以直接上墙当涂料。如果可以，我还想带一罐回去，那绝对是当面膜的上好材料。不信，看看河边的长条形沙滩吧，那是河水冲积而成的泥沙滩，沙子被洗得洁白如雪。

然而，石桥、河水、沙滩，这些还不足以吸引我们长时间驻足观赏。因为在河岸那些层层叠叠的岩石上，有一大群岩燕正从那几乎垂直的峭壁之上一跃而下。它们穿梭在桥洞中、夕阳下、水面、沙滩。它们呢呢喃喃的歌声就像儿童的嗓音一般清脆，回荡在扎曲河上，让寂静的河谷变得像过节一样热闹；它们小巧的身姿又如少女一般曼妙，让河谷充满了灵性。其方形尾羽之上几个白色斑点就像百叶窗，打开这扇窗，我们将看到三江源别具风格的一面。

峭壁精灵——藏鸦与岩羊

扎曲河穿越囊谦县城，我们住在河边的一栋宾馆里。

宾馆后院烧垃圾的气味让人有点不爽。在青藏高原，有很多让人惊奇的事物。而这里再一次让我大吃一惊，并且确信，在制造垃圾和废弃物的能力上，任何物种都无法与人类这个高等动物比。饭总解释说垃圾不烧不行，不然就只能丢到扎曲河里，或者运到山上填埋。无论怎样，都是对水源的极大污染。烧可能还是最环保的做法。

宾馆不远处有座白塔。饭总说，雪豹有时候会到白塔那里溜达，有藏族同胞用手机拍到过。于是，晚上我就警觉地倾听，希望能听到狗叫，有狗叫就有可能是雪豹来了。结果，一晚上狗都没吭一声，我想它们是被美妙的歌声吸引去了。

起床后，我发现这是个漆黑的黎明，天空既无月色也没有雪花飘。刚上路就有夜鹰在车灯前一闪而过。

车子摇摇晃晃地前进。有青稞地模模糊糊晃过，有泥泞沙粒裹在车轮上的扑扑声，有雨点砸在车窗上的沙沙声，还有风穿过峡谷的呼呼声，我们就这样穿过田地、盐田、树丛、岩石、山丘、峡谷，车子不停地左拐右拐，海拔一点一点地升高。忽然，前方一片光明，我们到了峡谷顶端。

四面是峭壁，就像树木一样成群结队地矗立着，被深邃而险峻的峡谷隔离开来。西南面的峭壁笼罩在烟雨中，雾从山间穿过，将峭壁连成一大片，看起来像是一面由灰色的岩石砌成的倾斜的墙。墙上到处刻有用藏文涂的五色的画，恰似一座巨大的佛学院。佛学院脚下有低缓的山坡，坡上有草，草地上插着风马旗，在风雨中猎猎作响。草地鲜花满坡，有矮墩墩的蓼属植物仰着一张一张馒头似的脸蛋，笑吟吟地在山坡上打滚。在低处的岩石缝隙中，还有几丛银露梅羞答答地探出头来，细长的红色茎秆和银白的精致脸庞如少女似的摇曳多姿。甘青铁线莲紧挨路边，高高矗立的黄花为草地植物压阵，低垂的脸庞像倒挂的铃铛，铃铛睡着了，上面挂着一串串雨珠。有一只藏鸦冒雨在花丛中漫步，一会儿拍拍蓼花的圆脸，和它说几句俏皮话；一会儿又去捏捏银露梅的腰，赞美它的身材；对于铁线莲的铃铛，更是充满了好奇，跑过去摇了几把，结果摇醒了一树的铃铛。每种花儿都因得到它的青睐而更眉飞色舞，都争先恐后地和它交谈，仿佛它是囊谦山上的贾宝玉。然而，"宝玉"一脚踩到一个牦牛脚印里后，就爱上了那个烂泥潭。它围着泥潭转圈圈，觉得那个硕大的脚印是世界上最完美的建筑、最安全的建筑，是风雨无忧的爱情港湾。它站在脚印边上开始由衷地唱起赞歌。如果牦牛知道有这样一个帅哥曾为它的脚印唱过赞歌，一定会深感骄傲和自豪。

图 29　藏鹀

东北面的峭壁上，云雾正在消散，变得愈来愈薄。太阳挂在一座巨大铁塔的顶角上，像是给那金属巨人戴上了一顶小红帽，小红帽照亮了峭壁的一角。峭壁中间有一大片草地，有一群20只左右的公岩羊在那儿慢悠悠地移动，和周围岩石的颜色、形态几乎一模一样。只不过，它们是一堆吃草的岩石。那片草地在整个山谷中看来是最整齐和最漂亮的，这要感谢岩壁的陡峭，家羊望着那片峭壁无可奈何，脚踏实地的牦牛也只能"望岩兴叹"。除了一只金雕可以站在岬角上吹吹风外，几乎没有什么动物可以上到那里。金雕守着岩羊，一直在寻找机会下手，在岬角上吹点冷风相比岩羊肉的肥美，实在不算什么。但是，岩羊有一个足智多谋而又勇敢的好朋友——小嘴乌鸦，它们总是让金雕的美食行动落空。现在，有两只乌鸦过来串门，它们发现了金雕，不由分说，怒气冲冲地冲过去，挥翅就砸，金雕被砸得头脑发晕，但是始终围着峭壁转圈圈。乌鸦哪肯放手，一前一后将金雕夹在中间，想将它逼出这一带峭壁。金雕怕过谁？它将翅膀一拉，冲向蓝天。乌鸦一声呼哨，紧跟而上，其中一只突然骑到了金雕头上，扯下了一大撮毛。金雕一声怪叫冲出了包围圈，再也没回头。有好友相助，岩羊在那片草地安心地享受着盛宴，像快乐的流浪汉似的欣赏群山的美丽，品味着最甘甜鲜美的青草。

　　我们也像流浪汉似的在山里游荡了一整天，喝着雪水啃着干粮，有两个喇嘛骑摩托车穿过山谷看到我们时，对我们充满好奇。"扎西德勒"他们停下摩托车请求看我的相机，问像素有多少，能看多远。"扎西德勒"我一边把相机递给他们，一边对他们问出如此专业的问题深感震惊。我指着对面峭壁说，岩羊。他们一边端着相机看，一边兴奋得手舞足蹈说，啊，岩羊，20只，真漂亮。然后又说"扎西德勒"，把相机还给了我。我接过一看，相机开关还关着咧。

当黄昏来临时，我们告别山谷，在山谷出口路边的灌丛，恰巧又碰到一群岩羊，它们可能是跑到谷底的溪边喝完水，正在回峭壁的路上。出口异常狭窄，只能容一辆车勉强通过。两边是垂直的峭壁，抬头不见天，真是插翅难逃。羊群在最初的惊慌过后，很快便排成一条长队，开始了井然有序的大逃亡。

先是一只羊从从容容地往左上方爬，那应该是它们的头羊。它爬到一块稍微平整的岩石上便站定，回头看我们一眼，好像觉得我们拿的相机不是要取它们性命的武器，便闪到一边，让开一条道，镇静地指挥。接着四五只母羊轮番爬上这块岩石，都用讪讪的目光瞥我们一眼后，继续往左上方的峭壁爬去。在峭壁顶端有一丛侧柏，岩羊排着队，一只一只穿过那里，它们一边穿行一边左顾右盼，交头接耳，对危险接近眼前好像毫不在意。母羊屁股后边夹着一群小羊，我开始还没想明白，为什么最初逃亡的机会不让给小羊而是母羊。后来才想清楚，夹在中间的位置可能才是最安全的。小羊的个头大小不一，有的角已长得和耳朵差不多高，看上去像头上插着两根小笋子。还有的角才钻出来一点点，就像两朵小蘑菇似的趴在耳朵旁。小羊跟在母羊背后爬，虽然个子小，爬起来却一点也不比母羊逊色。它们站在岩石上不停地回望我们，眼神里写满了温柔、善良，还有疑问。

这个时候，是最能体现男子汉气概的大好时机。所有公岩羊都自觉站在队伍的末尾。最后一只小羊消失在侧柏丛后，第一只公羊才跳上那块平整的岩石。它们的角粗壮而结实，像两把藏刀插在头侧，尖角微弯，打磨得十分锋利，连风路过都要对它点头弯腰，真是威风凛凛。四肢前侧一律有一条明显的黑纹，让它们个个看上去都像穿着黑皮裤的圣斗士。当大部分公羊都排着队跟着大部队往左爬时，有一只公羊往右侧的岩壁跳去，在那里，那个杰出的登山家给我们展示了它极其高超的攀岩技术。

说实话,那块岩壁望上去都令人头晕目眩,它却毫不费力地跳了过去。不,我觉得应该说是它张开四蹄飞过去的。只是那块岩壁实在太过陡峭,它跳过去后,四脚不能落到一个平面,整个身子像块破布似的斜挂在岩壁上。然而,它的蹄子却像装了"吸岩石",牢牢抓稳了脚下的每一块岩石。它往岩下望了一眼,将四脚收拢,身子半蹲,紧紧贴在岩壁上,将整个身子转换了一个方向,然后纵身一跃,整个身子腾空飘了起来,它飘到了另一处岩壁。就这样,反复上下纵跳三次,终于跃上了

图 30 岩羊

右侧的山顶。

我这才发现，右边的峭壁顶上还有一株古老的侧柏，侧柏下，站着六七只岩羊，其中还有三只小羊，它们一齐回头看夕阳。可能在最初逃亡时，它们即兵分两路：一路往左，一路往右。夕阳映在峭壁上，将整个峭壁都染成了一片壮观的玫瑰红。夕阳也映在岩羊身上，它们美丽的犄角融入侧柏浓密的细叶间，渐渐模糊，像电影结局的谢幕，整个峭壁空无一物，只留下一片空白。

白扎林场的一天

这是一个晴朗的早晨，在白扎林场的狭长山谷里，溪水跳跃着奔向远方。山顶薄雾轻绕，绿油油的云杉、圆柏将山体罩得异常密实，只隐约可见几处灰红山岩。白马鸡站在树上晃悠，如同树身缀着一朵纯洁的大白花。高原山鹑于林间穿行，它们和山岩上辈子一定是亲密兄弟，永远穿着同色系的衣裳。树林至河谷一带，遍地是鼠尾草、翠雀、柳兰等成串的紫色小花。这些高贵的紫花挂着亮晶晶的露珠，发出钻石般夺目的光芒，给河谷披上了一件缀满紫色宝石的华丽外衣。

一只喜鹊站上云杉的顶端，喳喳喳，朝着山谷喊了几嗓子，就像山谷里打烂了几个砂锅。云杉树后的岩壁上有一个极不显眼的小洞，洞边蕨类植物和苔藓丛生，一只白眉朱雀哼着小调在洞边漫步。青藏白腰雨燕在洞前上下穿梭，一缕轻云从岩壁前穿过，一对岩鸽的脑袋在洞口张望，它们站在洞口伸了个懒腰，一边和雨燕打招呼，一边从洞里钻出来。它们绕着岩壁飞了一圈后，便沿溪水朝南飞去。岩鸽洞

图 31　高原山鹑

　　山顶有一处马蹄形突出的岩壁，左右各有一大块草地，一小群马鹿从云杉林里分散出来，在那块乐园里不紧不慢地啃草。有两只马鹿顶着高高的角，像是顶着一大捆云杉枝条的柴垛。

　　喜鹊清完了喉咙，朝山顶飞去，一只小嘴乌鸦跳上了喜鹊停过的枝头，继续喜鹊的歌唱事业。不过，它的歌声稍显婉转，不再像打烂了砂锅，而像敲一面破锣。破锣虽响，也响不过电钻。很快，破锣声就淹没在电钻声中。溪边出现一群工人，电钻就像他们手执的鞭炮，在溪边不停地噼噼啪啪，不知为谁而鸣。在这海拔 4000 米之上，有溪流，有草地，有鲜花，有森林，有森林歌唱家，已是一个奇迹。而电钻，显然是这里更大的奇迹。溪岸一侧还有几顶破帐篷，几幢木制旧房子，一个石墙木顶结构的崭新藏式新民居建筑群，还有更多的钢筋混凝土基础。可以看出，一个高规格、高规划、国际化的度假基地即将在此安家落户。岩鸽站到了藏式新民居的屋檐上，成了度假基地的第一批游客。溪流对岸，尚有另一条大溪从山上奔腾而下，汇入此主溪。但是公路将它们交汇的通道拦腰截断了，只留一根皮管供它们交流。显然溪流不满意这样的做法，擅自从山上跳下，横穿公路而过，在公路上流连，在那儿布置了一个小瀑布，不时有白喉红尾鸲来瀑布前参观。

山上的大溪被两岸密生的灌木掩盖，要找到溪水的身影是十分困难的事。明明它就在你脚下欢歌笑语，却只有灌木中的常驻客才知道溪流在哪儿转弯，在哪儿有多深，在哪儿有几块岩石，在哪几块岩石下有小鱼洄游。

大溪边一丛怪柳下，出现了一个跳动的棕色身影，那是一只棕草鹛，全身羽毛零乱，湿漉漉的。它跳到草地上，沉思了一会儿，屁股摆了几摆，像是打算做点什么。而电钻却不合时宜地怪叫了一声，吓了它一跳。它朝电钻横了个白眼，恨恨地在草丛里踩了两脚后，摆着屁股又钻回了怪柳林。

山顶传来另一阵破锣声，乌鸦被同伴喊去共进早餐。主溪水位开始上涨，整个山谷里只有它的咆哮声，连电钻的怪叫都被淹没，棕草鹛猫着腰又从怪柳树下跳出来。确认周围安全后，它回头招呼一声，怪柳树下又喜滋滋地跳出一只棕草鹛，它们一前一后在草地上齐步跳。

怪柳丛中密布怪石，川西鼠兔把家安在了其中一块大怪石底部。当太阳挂上半山腰，灌丛上的露珠快掉光时，鼠兔便摸着胡须出了门。它扯了几把青草嚼了嚼，觉得味道很一般，便钻到河坑下的一个小石洞里。从石洞口那些光溜溜的印记可以看出，它是经常光顾这里的，这是它的第二套房。它在那里摸索了好一会儿，好像也没找到满意的。它抽着鼻子掉转了头,继续往河坑下走。它走到了河中央,那里有一大堆碎石,碎石边尚有几缕紫菀正盛开。溪水从碎石底下穿过,有几条小鱼儿排着队在碎石边晒太阳,还有几条在碎石缝里睡觉。它站在碎石上,与晒太阳的小鱼打招呼,又搅醒了睡觉的小鱼的美梦,还和紫菀行了吻手礼,然后往河对岸瞅了几眼,觉得对岸的灌丛更浓更密,兴许可以找到更美味的食物。它的一只脚已迈过去,第二只脚已抬到半空,忽然山谷顶部传来一声尖叫。它吓得掉头就跑,立马藏到了第二套房里。

跪在草地上的三只棕草鹛也听到了那声尖叫,全都跳了起来,紧靠在一起,扯长了脖子颤抖着仰望山谷,一个巨大的黑影掠过岩壁顶端。

不久,山谷复归平静,川西鼠兔又抽着鼻子出来了。它跳上碎石堆,再爬上一块大石,在大石上转了三个圈,计划着要如何蹦下去,只要蹦下这块大石,它就可以到灌丛了。它还在摸着胡须思索,山谷顶部又传来一声更长的尖叫。它没有跳,直接从大石上滚下来了,滚到了灌丛,摸着胸脯直喘气。一只香鼬从那块大石下急急忙忙钻出,它想跳到河对岸,结果"扑通"掉到了河里,只好朝着河岸死命游去。

还在草地上扯长脖子观望的三只棕草鹛,此刻都缩起脖子扯长双腿像一阵风似的刮到了河坑下的灌丛。在它们身后,还有三只棕草鹛就像大风扬起的沙粒,一转眼也都滚到了灌丛底下。

白眉朱雀跃上了云杉的顶端,哼起了悠扬的小调。

云杉脚下的草地热闹非凡,喜鹊回来了,小嘴乌鸦也回来了,集成了一个七八只鸟的小团队。"我的""我的",砂锅和破锣一齐敲响,每只鸟嘴里都有一小块肉。在它们脚下,有一只鸟被扯得七零八落,只剩一堆灰色的羽毛。它们的联手行动再一次宣告成功，又一次从别的鸟嘴里抢到了一份胜利果实。

　　太阳西斜，电钻停止了怪叫，河水在山谷中继续咆哮向前。草地上的鲜花开始忙着往身上镶钻石，白马鸡和高原山鹑交换了最后一次晚唱的曲目。马鹿开始排队晚归，那顶着高高柴垛的，有一个的边角塌了。砂锅和破锣被云杉收回，棕草鹛全都跳上了怪柳，鼾声渐起。川西鼠兔和香鼬站在碎石上开始碎碎念，它们在为即将到来的暗夜行动祈祷。

　　岩壁上，只剩一只岩鸽孤零零的背影，它在小洞前不断地徘徊。青藏白腰雨燕在岩壁上方站成一排，默默地注视着岩鸽。

　　一个巨大的黑影再次掠过岩壁顶端。

图 32　棕草鹛

谁的可可西里

大鵟与黑颈鹤

一只深色大鵟背对我们站在曲麻莱县政府的门楼上。

曲麻莱被称为"江河源头第一县"。这是个老县城，现已废弃多年。全城只剩个花岗岩的残缺门楼，以及镶嵌其中的"为人民服务"几个红色大字。单就门楼规模看，和圆明园的废墟有得一比，充满王者之气，可以想象昔日的繁华。谁也想不到曲麻莱的衰败竟是缘于它的骄傲。在20世纪七八十年代的高峰期，这块小小的河谷

图 33　大鵟

竟然饲养了牲畜 120 万头。也就是说，现在盖满沙砾和卵石的每一处地方，以前都是水草丰美的，且被牛羊再三啃过刨过，直到最后变成一片荒漠。冥冥中好像有某种暗示，什么都可以倒下，唯独"为人民服务"的招牌不可以倒。

  河水在远处泛着一闪一闪的白光，像情人的眼泪。它所流经之处，没有牛羊在吃草，没有鼠兔在观望，连蚊子都没有一只。河滩上光秃秃的，两侧的山体也只有一层极淡的绿光。它在河谷曲曲折折地迂回，试图寻找那些昔日旧友，把它们一个一个拉回热情的怀抱，与它们再一次倾心交谈，然而没有得到任何回应。它伤心地转过山谷，在这片曾经美丽的土地上洒下最后一行热泪。从这里出发，将开始它的万里长征，直到奔向太平洋广阔的胸怀里，再也不回头。

  大鵟一直站在门楼上守望，希望它的苦苦坚守能得到相应的回报，要知道，整个曲麻莱老县城，坚守的就它一个了。

  从老县城往北走一个小时车程左右，穿过一座崭新的石桥，桥墩左右各立着一尊石菩萨。车辆靠近它们时，它们既不眨眼也不抬头。在它们眼里，车辆就如同在眼前晃动的苍蝇一般，是只会发出一股难闻气味且嗡嗡吼叫的丑八怪，屏息闭眼才是对付怪物的上策。当车辆与它们擦身而过时，"石菩萨"突然睁开了一只眼。在我们还没来得及惊呼时，两尊"菩萨"竟然双双起飞：左边是大鵟，右边是猎隼。它们朝我们投以鄙夷的目光，狠狠地盯着，然后拱起屁股朝我们抛下一泡屎，在河面上打圈圈。只要我们乖乖地缩回车上不再动，它们便立即飞回桥墩上，继续蹲着，眼睛半睁半闭。

  石桥之后，是一个又一个海拔近 5000 米的垭口。路面看似极平整，但一不留神就会遇到冻土沉降，将人颠得屁股发肿。路上极少有车，唯一看到的一辆车翻倒在一处又长又陡的垭口上坡段，应该是因受不住高原气压而爆胎侧翻了。旷野里没有任何声响，没有一个人，没有一顶帐篷，只有某种动物白色的头骨，在阳光下发出吓人的亮光。

可可西里开始以其特有的荒凉、神秘又恐怖的气氛逼近我们。从这里开始，我们要通过一个方圆300多公里的无人区，我开始忐忑，计划着要写一篇遗书。遗书还在构思中，一只赤狐亮丽的身影就出现在山坡上，那真是一道生命的彩虹。它迈着轻快的碎步走在阳光里，走到坡顶，转过脸来看我们，挂着一脸暧昧的笑。它的身后是两只高原鼠兔，正抬着双手，傻乎乎地跟着赤狐头的转动而转动它们的脖子。蓝天上白云游荡，远处的昆仑山顶白雪皑皑，一望无余的荒漠上到处都有闪着白光的湖泊，像一面面明镜镶嵌其间。在湖泊中间，竟然还夹杂着一块面积巨大的绿色草甸，草甸上密布紫色和黄色的小花，上面有无数跳动的生命。一种无法抑制的兴奋涌上心头，可可西里无人区，谁说是生命的禁区？这里不就明摆着是一座天神的花园吗？但是我们只能强压住兴奋，不能欢呼，不能跳跃，甚至不能大声说话，每个人的脸上都挂着赤狐式的微笑。因为这里海拔5000米，任何过分的激动都是致命的。

草甸高低不平，有点倾斜，像个大摇篮似的斜挂在可可西里的荒漠上。现在，这个摇篮是可可西里动物们的乐园。雪雀哼着最动听的歌谣，沿着草甸或者草皮最浅的地方不停地起跳又落下，像只会唱歌的蚂蚱。一对黑颈鹤在黄花丛中优雅地迈步，雄鸟对雌鸟展开了一系列浪漫的舞蹈。它先连着90度三鞠躬，然后紧跑两步，将翅膀以优美的弧线打开，接着往前七级跳，直到跳出雌鸟前方20米左右突然刹住，再将翅膀一收，胸膛高高挺起。接着回头又一个七级跳，再次一鞠躬，翅膀交叉旋转720度。然而雌鸟对它的精彩表演好像不满意，将头撇到了一边。它不死心，又三鞠躬，再来一个十级跳，每一步都比上次迈得更远，迈得更高。更了不起的是，这次它的胸膛挺得实在是高，高不可攀，几乎可以和对面的昆仑山比高了。而它也坚信，对方的心就算是昆仑山上千年的冰雪，在它火热的攻势下，也会化成一汪温泉。然而，当它再跳回到雌鸟跟前时，雌鸟依然撇着头，还往旁边移开了两步。它的心瞬间就碎了。它没想到满腔的热情不但没能融化那颗冰冷的心，自己反倒要淹死在自己的眼泪里了。突然，它看到雌鸟将翅膀打开，往前跳了三级。然后将胸膛高高挺起，回头对它嫣然一笑。这一笑，它觉得死也心甘。就当它闭上眼睛准备幸福地死去时，它仿佛再次看到了那令人销魂的一笑，死去的心立即复活了，全身仿

图34　黑颈鹤

佛装了弹簧似的原地蹦起三尺高。它又转了三个大圈，迈开长腿便朝"心上鸟"追去。自从我们进入青海以来，一路上在青海湖、三江源保护区、隆宝滩保护区，看到黑颈鹤不下六次，没想到的是，竟然只在可可西里的无人区看到黑颈鹤倾心跳舞。也许它们不喜欢，也不习惯人当它们的观众。

在这片草甸，它们的观众虽然不多，但个个都是真诚的"黑颈粉"。有一对藏野驴被它们的精彩表演吸引，忘记了啃草，只是傻乎乎地面对面，不停地喷着鼻息，鼻水快要将它们的蹄子淹住。有三只藏原羚幼崽正在草甸上搔痒痒，那些小跳蚤惹得它们个个愁眉苦脸的，看到黑颈鹤跳舞，立刻忘记有虫子咬了，一个个跟在它们

图 35　藏原羚

屁股后面又是拍手又是跳脚，还学它们跳舞。在它们自己看来，已学得惟妙惟肖了，实则和翻跟斗差不多。这群顽皮的孩子存心要给大人的求爱制造一些小插曲。更离谱的是，一只小藏原羚本来正跪在妈妈肚皮下喝奶咧，听到了小同伴的嬉笑声，扬起眼睛一看，也马上被吸引了。

连正在蓝天上巡视的猎隼也低下了骄傲的头，不得不为黑颈鹤优雅而极其绅士的舞蹈深深折服。

猎隼与野牦牛

在可可西里，我们一共碰到七次猎隼，它们都是站在路边的电线杆上，像是要来赶集似的。它们全身黑白相间，虽然服饰简朴，但无法掩饰身上天生的贵族风范。一般的猛禽虽然都威风凛凛，但鲜有它们这样气质超群的。因此，它们深受中东一些贵族的追捧。中东某些国家的富豪们把拥有猎隼的数量和级别作为自己权力和财富的特殊象征。拥有一只像样的猎隼者，往往是刚步入百万富翁的人。当地人一旦拥有了较大的财富，第一件事就是要购置一只猎隼，就像我们发达以后做的第一件事是要购置一辆汽车一样，实际上公交、出租车、打车软件既方便又便宜，只是用此来证明和炫耀自己已步入富豪之列。我曾看过报道，中东一王子到某国访问，随行人员是：一飞机的猎隼。不知道那些坐着飞机到世界各地旅行的猎隼，过着锦衣玉食生活的时候，是否还会怀念在辽阔的可可西里，站在电线上任风吹乱头发的苦日子。

一路往北，远处的山坡上出现了一头牦牛。我们先前也没在意，一路上看得最多的可能就是牦牛了，羊都比牦牛少。忽一想，这是无人区啊，哪有牧民放养牦牛，且只放一头。饭总望远镜一举：野牦牛！想想鄂拉山口那头杂种牦牛是何等厉害，敢与藏獒战斗，其他家牦牛只能乖乖地听其摆布，这野牦牛可就是个更厉害的角色了。它远远地在那里啃草，时不时抬起头睃我们两眼，间或还要将两只大尖角朝我们的方向摆几摆，好像在对我们示威。饭总一再警告我们要远离，野牦牛的劲儿大得很，可以将整辆车和车上的人掀翻，顺带用舌头舔我们的脸。据说，它只要伸出生满肉刺的舌头，荒漠上的所有动物都会见舌而逃，仿佛那是一张夺命符。

星智老师说过，牧民其实对野牦牛是又爱又恨的。野牦牛最擅长干的事不是干架，而是诱骗良家母牛。它庞大的身躯和强壮的牛角是吸引母牛的利器，只要它往牛群中一站，母牛就像吃了迷魂药，乖乖跟着它走。它连招呼都不打一声就带着牧民的所有财产——一大群母牛浩浩荡荡钻入荒漠深处，牧民寻遍荒野也找不到踪迹。在荒野，少吃没住，大雪纷飞，冰雹砸身，而母牛心甘情愿地委身于它。来年春天，天气转暖之时，母牛才会被重新放回去。幸运的母牛会怀上野种，不幸的早已葬身荒漠，只留下一具白骨。

这头野牦牛就其身躯和牛角的样子，确实是有吸引异性的资本。我看它不只吸引母牛，连母旱獭都被它迷得神魂颠倒，一脸膜拜地望着它。眼看野牦牛就要过来了，它还是一动不动。只可惜，野牦牛不好它这一口，连望都不望它一眼，甩甩尾巴，朝山脊那边翻去。

藏羚羊

在无人区的核心地段，我们终于见到了可可西里的招牌动物：藏羚羊。初识藏羚羊是在电视剧《血色浪漫》中。故事的大结局，刘烨扮演的男主角抛弃一切——金钱、爱情,跑到可可西里去和偷猎藏羚羊的不法分子干架去了。当时很想不通,藏羚羊究竟有什么魅力,能让人不顾一切去保护?

这是一个藏羚羊的小种群:一个光棍群,全都是公羊,四只大公羊带四只小公羊幼崽。母羊带着小母羊到外婆家去了,外婆家在太阳湖。并非母羊偏心,只带妹妹去外婆家省亲,而是母羊正躲在那里生三胎,妹妹是去见习生产的。这几只小公羊头上都钻出了小角。不过,相比父辈那样又长又尖像长笛似的角,它们的角充其量只能算一枝才出土的小竹笋。小羊懒洋洋地窝在父亲脚边的草丛里,身上还裹着

图 36　藏羚羊

一层厚厚的、尚未褪去的旧绒毛。父亲一边要担忧它们的母亲，一边要肩负起独自照顾这些"公子哥"生活的义务，真是心力交瘁，整天黑着脸对着它们。事实上，这群小公羊并非发懒筋，只是太思念母亲了。母亲对它们又温柔又照顾，刚出生那会儿，母亲一边给它们哺乳，一边还要抵抗狼、熊，甚至人的袭击。母亲千里迢迢，历尽千辛万苦将它们带回来，一家子大团圆的日子是多么幸福的时光。然而，幸福的时光总是那样短暂，不久母亲就走了。它们怨恨父亲的自私懦弱，怎么就不带它们陪母亲一起去？父亲望着太阳湖的方向沉思，它比谁都担忧它们母亲的命运，但它无法向儿子解释。也许，某一天当儿子们成为父亲的时候就会理解，这就是可可西里的生存法则，它别无选择。

  我以为这会是我们见到藏羚羊的唯一机会，想不到不久又碰到另一小群藏羚羊：三只，依然都是公的。它们看上去还很年轻，身上的旧毛褪得干干净净，换上了一身崭新的、棕黄色的新衣裳。它们正卧在一条干涸的溪里聊天，脚下有两个鼠兔洞。对我们的到来，它们面无表情，一直卧在溪里谈天说地，最多搔两下胳膊。总之是，你来，我不喜；你走，我不忧。这样的状态，我们倒是很惊喜，至少有一点可以说明：人，对它们来说，不再是世界上最可怕的动物了。

  但我们还是高兴得太早了，在这三只公羊身侧不远的壕沟里，露出了四支"笛子"：两支长笛，两支短笛，这是一对藏羚羊父子。实际上，自打我们遇到那三只公羊时，这一对父子就一直埋伏在这里。父亲一直紧张地关注我们的动向，小羊试图伸长脑袋来看外面的世界，父亲紧压着它。当我们折转身准备上车时，父亲以为我们要朝它的方向去，立即将小羊推出一丈远：跑，儿子，快跑！它自己却不跑，就站在原地，将长角对着我们，一副要决一死战的状态，我们赶紧开车走人。

出了无人区，转入 109 国道，车辆突然多起来，而且以超长货车居多。我们正走着，前方一头藏野驴横穿马路。它在路中间一点也没减速，鸣笛也置之耳后。我们当时都觉得它真是一头蠢驴，世界上最蠢的动物莫过于驴了。但是我们忘了它不懂人的交通规则，它不是人，也无须遵守人的规则。当然了，就是我们自己，制定的很多交通规则也一样不能遵守。对面冲过来一辆长货车，又是打双闪，又是鸣笛，却不踩刹车。我想他要踩刹车也踩不住了，车子对着野驴冲过来了。就在即将撞上的一刹，野驴冲过去了。司机怒气冲冲地停车，将车窗玻璃一摇到底，对着野驴远去的背影破口大骂。

进入不冻泉地段后，车辆愈发多起来，青藏铁路也从这里穿过，此地还建了一个不冻泉保护站，保护站对面有一个大的加油站。高高矗立的招牌上站着一只金色的小藏羚羊雕塑。从这里开始一直到格尔木，路边藏羚羊的雕塑越来越美观，越来越寓意深刻；各种广告招牌也越来越壮观，内容也越来越令人刮目相看。路两边的风景也愈发令我们大开眼界，我们似乎从路边就可以直接看清几十里外昆仑山脉的毛细血管。昆仑山顶先前还白雪皑皑，到后来，这个古老的巨人从头到脚都是雪水和冰川曾经流过的印痕。深深的沟痕，像被鞭子剧烈地抽打过，巨人在阳光下痛苦地扭曲着脸。无人区还有那些明镜似的小湖泊，这里却什么也没有。人说破镜难圆，这里连破镜都没有一块，整个就是大片大片的荒漠，寸草不生，我们在公路沿线再也没见到任何一只野生动物，连跳蚤都没有。

昆仑山垭口除了藏羚羊的雕塑极有特色外，还有一尊人与三只藏羚羊在一起的石雕很吸引人：一个高大的藏族男人，左手持枪，右手怀抱一只小藏羚羊，脚前跪着一只母羊，身旁卧着一只公羊。这个藏族人就是索南达杰，一名县委书记，为保护藏羚羊而光荣牺牲。星智老师之前和索南达杰很熟，说他就像一头牛，认准的理就决不回头，不会迂回，一味勇往直前，结果把年轻的生命丢在了可可西里。也许索南达杰是一头牛，甚至是一头蠢牛，他抛弃金钱、爱情，还抛弃了地位、生命，但是他演绎了一场令世人震撼的"血色浪漫"。对着英雄的雕像，我深深地鞠了一躬。为所有的藏羚羊，为可可西里。

垭口虽然海拔近 5000 米，风沙巨大，极度寒冷，连雄鹰都飞不过，但这些都不足以阻挡人来车往，小贩叫卖。这里非常热闹。

我想起那座废弃的曲麻莱老县城，四十年过去了，依然一片荒凉，只剩一只孤独的大鹫。不知道可可西里这块最后的处女地，最终会变成谁的可可西里。

香日德的嘎啦鸡

都兰的香日德镇有一个沟里乡，二十年前是著名的国际狩猎场。因为当地藏族人民的强烈反对，狩猎场便关停了。香日德的路边有大量杨树，在初冬的阳光里闪着金黄。在金黄的叶片中间缀着密密的大白花，我以为这是青藏高原的特有杨树，后来才发现那白花原是翻卷着的杨树叶。杨树过去是无尽的田野，"蒜如拳头豆如蒜，一亩白菜收两万"便是田野的写照。我们在这儿买了一瓣大蒜、两兜白菜、三根白萝卜，外加四个馍馍和一个羊腿带到沟里乡去，那是我们接下来三天三个人的口粮。三天后我们从沟里乡出来，还带着余下的半瓣大蒜、一兜白菜、一根白萝卜及两个馍馍，剩下的一半羊肉赠送给了当地牧民、小学校长、村支书兼野生动物救护站站长肉保。实际上，和我们共享那三天美食的还有肉保一家四口，四个高大的藏族人。

香日德到沟里乡的路好得超乎我的想象，是笔直平整的柏油路。从柏油路下去转入沟里乡，海拔渐次增高，两旁山顶白雪皑皑，中间一条大沟，沟中无雪，山坡上零星分布着一些松柏。越野车在大沟里向前奔，我全身的骨头和肌肉都在跳迪斯科。美丽的夕阳流过参差不齐的隘口，洒在沟里的灌木上，阳光临幸的每株灌木顶上都如佛光笼罩，闪闪发光：红的愈红，白的愈白。在如此迷人的光影里，出现了一个灰色的背影，那影子踩在一株红灌丛上，对着一丛开白花的灌木出神。它缓缓转动脖子，红红的夕阳下，映着一张红艳艳的嘴。"嘎啦"，它小声地咕哝一句。

"嘎啦鸡！"

嘎啦鸡，也就是大石鸡。因它的"嘎啦"叫声，当地群众称其为嘎啦鸡。在青藏高原，没有一种鸟像嘎啦鸡那样难于寻找。在共和的光石头山上，我们一行十多人从下午找到日落，从清晨守到中午，从艳阳高照等到大雨倾盆，从8月中旬直到8月末，连毛都没见到一片。那个家伙可能就卧在你面前的一块石头上，或是蹲在你脚下的浅草上，甚至你还有可能正好踩在它的背上。它正用炯炯有神的大眼睛瞄着你。但是，你要找到它，除非有能在大海里捞到针的本事。整个共和石山，外形上看就是一只巨大的嘎啦鸡，我们在嘎啦鸡的怀里嘎啦嘎啦几天却找不到它。一群少年郎上去，白发老人下来；山中待一日，世上已十年，这并不夸张。十年来，饭总每年上共和山一次，共和山没变，山下的共和县城却是日新月异，从一条街变成十条街，从马拉大车变成满街小车跑，整个县城已扩大很多。看发展趋势，未来几年，共和山还存不存在都很难说。

嘎啦鸡转过脸来，一张白脸，眼圈红红的，不要以为它是悲伤或是昨夜打牌输红了眼，它的红眼圈里写满的可全是警惕。灰色的外套下罩着一件紧身的黄蓝相间的小夹克，这让它看上去颇有几分绅士派头。如果它站着不动，看背影和一块石头相差无几。刚好它又和灌木与石头建立了难舍难分、难以离弃的难兄难弟般的感情，要把它们分离出来谈何容易。它从地上捡起一根草，像土豪一样剔着牙齿，又回头看了我们的车三次，确认安全后便腆着大肚子大摇大摆地往灌丛中走去。在它身后，咕噜噜一下滚出一二十个同伴，全都压低身子，一边嘴里叽里呱啦不停，好像在说：

图 37　大石鸡

"没事儿了吧，安全了吧。"一边脚下便稀里哗啦地刨个不停，和老母鸡一样，真是可惜了那副英俊的皮囊。有一只不知是听到了什么风声，刨着刨着就停了，猛一抬头，整个世界都安静了，所有的嘎啦鸡都停下脚上的活计，抬头看着同一个方向。一会儿，最先抬头的确认风声只不过是风吹灌丛摆动的声响，便不好意思地扇了两下翅膀："兄弟们，没事，没事，大家继续，继续。"于是，所有抬起的头跟着转个圈："安全了，安全了，继续，继续。"灌丛中又响起了一阵扒拉声。

我捂着嘴把卡在车顶与后座及相机之间的脖子悄悄收回。风声实际是我脖子被卡住时弄出的声响。

"绅士"决定带着它的团队横过马路。这次没有犹豫，它紧跑两步到路边，迈开大步一溜烟跑到了马路对面的灌丛中。它身后紧跟着三只嘎啦鸡。接着是第二梯队，五只嘎啦鸡。这个小团队的小头目跑到路边忽地便紧踩了一脚刹车，跟班的四只嘎啦鸡没收住脚，冲到半路发现小头目没过来，便站在路中团团转，不知是进还是退。兵都已到路中央，为首的只好硬着头皮往前冲，第二梯队总算过了马路。第三梯队，四只嘎啦鸡；第四梯队，五只嘎啦鸡……总共走过了五个梯队。

夕阳渐渐西沉，我们沿沟继续往里走。两旁的坡地上牧草已枯黄，但还算茂盛，这里是一个冬季牧场。再过几天，牧民将回归此地，带着他们的牛羊。沟两旁零星有几栋老房子，那是牧民冬季的住所，现在都空着。我跑到一栋老房子后去方便，脚边蹿出一只嘎啦鸡。不过，它并没有跑走，而是傻乎乎地看着我。跑野外有时我是不讲规矩的，但这样面对面还是觉得有失礼节。嘎啦鸡看我站起来，并不急着逃走，而是一边退一边不断地回头，像要引着我往它的方向走一般。我跟着它走了几步，忽然像明白什么了一样，回头朝那老房子一望，房子的窗台上齐刷刷地蹲着四只半大的嘎啦鸡。那引诱我的嘎啦鸡看我关注窗户，开始急了，"磕磕，磕磕磕"，就像家鸡那样叫唤起来。窗台上的四只嘎啦鸡陡然间便跳下窗户，"嘎啦，嘎啦，嘎啦……"，它们一边大叫一边便往后山起劲地奔，惊起了两只藏在草地上正准备谈恋爱的高原兔，也把我惊得在石头路上连翻了两个跟斗。因为那时，雪花飘起来了，石头路上有了积雪。这为我接下来的两日高反埋下了隐患。

当晚住肉保家，第二日早上晕乎乎地去上厕所，厕所离住所尚有几十米，在沟里的斜坡上，是个旱厕。上厕所的当口，老听得门外有窃窃私语声，想这海拔4000多米的雪山上还会有谁？无非是风吹着沙粒跑的声响吧。出厕所门，一低头，沟里又是二十几只嘎啦鸡。在最初的惊讶过后（我确定它们只是惊讶，如果是看到肉保他们，它们不会是这个表情），它们开始慌慌张张地往斜坡的顶端奔。有一个五只嘎啦鸡的小团队急急地飞了起来，飞到了对面的悬崖上。这下好了，一群嘎啦鸡站在悬崖上，红眼瞪红眼。一只勇敢的嘎啦鸡慢慢站到悬崖边上，一脚朝前一脚朝后紧扣着地面，将头缓缓伸出去，往下面仔细瞅着。第二只嘎啦鸡也伴着它站一起，然后是第三只，第四只。四只嘎啦鸡站成一模一样，对着崖下研究了半天，全都摇着头往后退。第五只嘎啦鸡尚是少年，觉得长辈们都是胆小鬼，它摩拳擦掌，一跃而起，一下就冲到崖边。很幸运的是，崖边一丛开白花的极矮的灌丛挽救了它的生命，挡住了它往下栽的身躯。最后，大家达成了共识，决定不跳崖，而是往山上继续爬，追赶大部队。

先前撤退的大部队已到了沟的另一边，那里有肉保家的一个牲畜栏，栏前拴着一只藏獒，它们在藏獒脚前捡些残羹。那只凶狠的藏獒看到一只小鼠兔路过也要暴跳三尺高，看到嘎啦鸡过来竟然不吭一声，还讨好似的摇了几下尾巴。对于它们的关系，我很是怀疑。

本来已撤退的一只母嘎啦鸡突然又飞回厕所边。这段距离应在 500 米以上，没想到它那么笨重的身子竟然能飞那么远。落地后，它便围着厕所焦急地转圈圈，一边转一边"磕磕，磕磕，磕磕磕"地大声呼唤。在厕所后面的坡上有两块巨石，巨石下面立刻有小声音回应着它的呼唤。它奔向巨石，下面钻出一只小嘎啦鸡，扑腾着到了它的怀抱。母嘎啦鸡二话不说，拽着小嘎啦鸡就朝着藏獒的地盘飞奔过去。小嘎啦鸡在后面跌跌撞撞地跟着，嘴里嘟嘟囔囔，似乎在埋怨母亲跑得太快了，把它丢了。看着这对母子跑过来，藏獒抖了抖铁链，抬起前脚站起来，大概是准备欢迎这对母子回归。

当太阳在雪豹经常出没的雪洼上露出笑脸时，所有的嘎啦鸡都汇集到了牲畜栏那边，"嘎啦，嘎啦，嘎啦……"它们唱响了沟里乡的晨曲。

在沟里乡待了三天后，我们出山。在一个拐弯处，一块石头上又立着一只嘎啦鸡。在沟里乡这几天看它们都看饱了，一只嘎啦鸡也没啥看头。我们准备开车走，这时，那只嘎啦鸡转过头来，眼睛里竟然不再是警惕，而是某种迷离的神情，像一个思春的少年的眼神。我拿出镜头对着它，它出神地看了一会儿镜头，突然敞开胸怀直奔我而来。奔到我面前突然停下，左右张望了半天，然后钻到车底下，从车底穿过去，绕到车后，又退到镜头前张望，然后又钻到车底，如此反复四五轮。很显然，它的目的就是要寻找我。车内的其他两人紧捂着嘴爆笑，说那嘎啦鸡看上我了，要抢我回去做压寨夫人。

我受宠若惊，它看上我哪里了？也许是我会吃辣椒，或者我从不曾吃它的同类？

直到后来某一天，我看到一只白头鸭奋不顾身地冲向一面玻璃墙，发觉自己是有点自作多情了。那只嘎啦鸡看中的并非我，而是镜头中的那只嘎啦鸡——它以为那是它的意中人。实际上，那是它自己。

与狼共伍

山上，大雾，6岁的小星星和10岁的哥哥共骑一匹马，一起去摘草莓。

"呼，呼……"一阵奇怪的声音在哥俩脚下响起。哥俩下马，循声望去，除了雾，什么也没有。哥哥摸索着捡到一块石头躲到马肚子下，弟弟紧抓着马尾巴，接着是一阵奇特而可怕的沉静。突然马一声嘶鸣，雾在兄弟俩面前撕开：一只羊，躺在哥俩脚下，脖子上有一个很大的撕裂伤口。羊呻吟着，鲜血往外涌。哥俩没有多想，马上抢救羊。哥哥压着羊脖子上的伤口，弟弟去寻草药。弟弟急急采了一把草药，一抬头，一双冷酷的眼睛狠狠地盯着他。"哥，哥——！"弟弟战战兢兢喊道。"哥什么哥，快拿药来！"哥哥眼睛一横。这一横眼，哥哥的眼光正好和那双冷酷的眼睛对上。"狼！""快！上马，上马！"哥哥丢了羊翻身就跳上了马。"我上——不去！上——不去！"哥哥身后传来弟弟的大叫。哥哥头也没回，紧抓着弟弟的手一把就将他拽上了马。"啪！"他给了马一鞭子，马朝山脚狂奔而去。

奔出10里地，哥哥觉得安全了。"行了，下马。"他对弟弟说。"哇，哇"，哥哥的身后不远处烟尘滚滚，弟弟双脚腾空如同骑着风火轮；弟弟满嘴白沫翻腾，像茶卡的滔滔白盐。原来，哥哥当初拽弟弟上马时，弟弟用力一跳，结果用力过猛，直接从马的这边摔到了那边的地上。哥哥以为弟弟跳上了马，策马狂奔，弟弟只能一直跟在马屁股后面追。

这一追，差点成就出一个中国的阿甘，弟弟后来成了青藏高原上著名的运动员。

现在，只怕是一只雪豹在屁股后面追，弟弟也跑不动了。五十几年过去了，小星星已长成了老星星。

圆月挂在雪山顶上，将沟里乡的夜照得一片蓝幽幽。这一夜，是我自懂事起经历的最清静，最热闹，又最惊恐的一夜。因为看嘎啦鸡摔了两跤，我的头像被一个铁钳紧夹着两侧，眼球似乎要从眼眶里爆出；胸上如同压着一块大石磨，"咚咚咚"，心跳得快极了，就像跑 5000 米冲刺的感觉。室外先是极静的，能听到风吹着松树枝、雪抖落的声响，还有风贴着草皮吹动沙粒滚动的声响。接着是马鹿发出牛一样的叫声。黄昏时候，我们曾看到一群马鹿在对面的雪山上游走，天黑下来后，它们便翻到雪山后面去了。现在它们又出来吼叫，估计是不想辜负圆月也不想负卿，要来此发下爱情的誓言。马鹿的誓言将我催入梦境，梦里仿佛有谁在我耳边反复念："唵嘛呢叭咪吽"我一下就醒了。旷野里传来藏獒的狂吠，紧接着，好似有极轻的脚步声围着房子转，间有藏獒的撕咬声。我屏住呼吸，长久地倾听，那轻微的脚步声一直在转，藏獒的狂吠渐渐平静。后来，我意识逐渐模糊，再入梦境。一会儿后，睡梦和夜的沉寂突然被一声拉长的粗野揪心的尖叫声划破。那声音来自对面山坡，肉保救助的马鹿待的牲畜栏方向。

"哦——哦——"

接着，是铁链抖动的声响，"汪汪——"藏獒又狂吠。我立即披衣扑向窗子，哆哆嗦嗦去拉紧窗帘：是雪豹下山了还是棕熊来找吃的了？晚饭时大家一起看到安装在肉保家山上红外相机的影像：就在前天，雪豹就站在这栋房子前的一块大石上，一边撒尿一边刨草地，用阴森森的眼神盯着肉保救助的那头马鹿。棕熊抓了只旱獭塞牙缝，旱獭尖厉的哀号就像小孩的哭泣。棕熊还跑到窗户下举着巨掌"讨"吃的，什么羊肉、包子、腊肉它都不嫌弃。我小心翼翼问星智老师，那棕熊是否吃人？星智老师一脸严肃，棕熊一般不吃人，只是喜欢拿巴掌教训人。不过，女人的肉，它应该想尝一尝。

我紧靠窗户站着，"哦哦"的尖叫声一直不紧不慢，有条不紊，此起彼伏。与其说是尖叫，倒更像是某种呼唤。窗外的月光正如流水一般泻入窗内，原来对窗外凶

图38　马鹿

狼险恶的焦虑奇迹般消失了。

我揭开窗帘一角,圆月下,有七匹狼的身影正蹲在牲畜栏上方,对着圆月齐声高歌。银白的月光洒在它们身上,在一遍一遍的长啸声中,犹如一群披着银色铠甲的壮士在高歌。

第二日清早,我们出沟外。经过肉保家的牲畜栏,那里有一头老牛,从早到晚都在坡上懒洋洋地啃草,肉保从未拴过它。那牛几乎是伴着肉保一起长大的,肉保舍不得杀它,就让它自由生长。实际上,肉保希望它自生自灭。给牛自由时牛已老得只剩一具骨头架子,站都站不稳了。一个月过去,一年过去,又十年过去了,老牛竟然恢复了年轻时的精力,胃口好得超过大象,它还与附近所有的野生动物结成了盟友。当然,也有可能是附近的野生动物都是看在肉保的面子上善待老牛的。毕竟,肉保救过很多野生动物的命,他在动物圈拥有良好的口碑。

牲畜栏外铺了一层厚厚的雪,上面清晰地记录着昨夜访客的足迹。两条又粗又深如车辙一般的脚印是雪豹的,稍细的是兔狲的,然后是藏狐的,最细的是鼠兔的,中间还串起密密麻麻非常浅的梅花脚印,那是狼的足迹。

在沟底,那些留下梅花脚印的访客还在,是七匹狼,估计昨夜对月当歌的就是那几位。

我们同时发现了对方。

不知道它们是怎么看我的,看到它们的第一眼,我有点失望。这就像遇见我年少时一直膜拜的某位偶像级作家、演说家。某日我在机场遇到偶像,他搂着一位女郎,头发凌乱,脚步踉跄,偶像形象瞬间倒塌。我心中的狼高大威猛,看一切东西都是蔑视的，人类只能仰视它。但是它们畏畏缩缩站在那儿，头发凌乱，脚步踉跄。哎，它们的英雄形象倒塌。

一只藏原羚从狼群身前蹦过，它们连眼皮都没抬，却扭头看着我们。一身灰黄色的皮毛，脸长得很端正，黑眼睛黑鼻子。眼睛里既没有狡猾也没有邪恶，只有温顺。一条蓬松的长尾巴向下自然耷拉着，尾尖微微朝上翘，维系着狼的尊严。但无论怎样看，我都觉得它们更像狗而不是狼，更准确点说，像是披着狼皮的哈士奇。

我希望它们能再高歌一曲，就像昨夜听到的它们的歌声，但是，它们全都闭着嘴不吭一声。一匹狼打了一个哈欠，一个很文雅的哈欠，像很有教养的大家闺秀似的，只是嘴巴向上翘了翘。接着，腰微微弓起，再一次回头慎重地打量了我们一眼，之后小心翼翼地往后山撤退。

它们在山坡上迈着碎步，保持着斯斯文文的模样，一眨眼的工夫，就已跑到山顶。太阳从山旮旯里钻出来，一缕霞光映出一群站在阴坡上的岩羊，也洒在狼群身上，整个沟谷都显得安静而圣洁。狼没有理羊，而是再一次回望我们，随后，灰黄色的身躯便隐入枯黄的草丛，再也不见。

我很纳闷，狼什么时候对羊失去了兴趣，并变得如此彬彬有礼了？

星智老师说，要让狼不吃羊，就像要狗不吃屎一样艰难。那都是动物的本性，改不了的。就在去年，他在刚察草原上碰到狼，当时还有一个牧民骑着摩托车在看羊。那个羊群很大，有一只羊远远地落在后面，看样子病重了，摇摆了几下便倒了下去，狼一个箭步冲过去便要叼死羊。牧民一看狼来了，就拿着鞭子赶狼。虽然死了的羊牧民不会再要，但他们担心狼会再咬死其他健康的羊。狼被鞭子狠狠地抽了几下，仍忍痛不走，牧羊人一转身，狼又跟了过来。就这样，一个赶，一个跟，搞了十来个回合。最后,趁着暮色来临,狼拖了死羊就跑。

我们出了沟,往另一侧雪山走去,据说那里最近几天有雪豹出没。刚走出几里地,雪山上一个巨大的黑影直朝山下奔,"雪豹!"我高兴得大叫。"雪豹?那是狼!"肉保大笑。我定睛一看,灰黄色的皮毛,可那身形却比之前看到的那七匹狼大很多,腹部圆滚滚的,身材臃肿。在青藏高原严寒的冬天,狼从来都是集群的。这匹单独行动的狼,极可能是怀孕的母狼。

我们停车,狼笔直地朝我们的方向跑过来,跑着跑着突然停了,眉头紧锁,可

图 39　狼

能是耀眼的阳光晃花了它的眼。它使劲眨了几下眼睛，接着打了一个哈欠，这个哈欠打得有点让我大开眼界，可以说是上嘴唇接着天下嘴唇挨着地，四颗狼牙像四颗子弹般闪闪发光，舌头像一张撑起的红色风帆，估计塞得下一只岩羊、两只盘羊、三只旱獭、十只鼠兔。它一边打着哈欠，一边迎着太阳在草地上奔跑，脚下溅起一团一团的雪花。无数只鼠兔冒着严寒站在洞口，拱手搭目，只为一睹它的英姿。它边跑边扭过头去用温和的眼光扫视它们，它们立刻钻入洞中，或跳到铁篱笆的另一边。它们只是欣赏它，却并不愿意做它的早餐。它也并不想去追它们，钻洞或翻越铁篱笆，都不是狼想做的。那道铁篱笆的滋味儿它永远记得，上面就是挂着新鲜的羚羊它也不敢去碰了。对于善奔的狼来说，它并不在乎多跑500里去可可西里吃早餐。往往，那早餐"羚羊"的尸体下面会有陷阱等着它，它才不去冒那个险。

它继续往前跑，前面是一个小水洼，已结冰，它收住了脚。它绕着水洼走了三个圈，刨了四个坑，最终它选了一个最高的坑溜到冰面。那一处冰面最宽，但有一个小洄湾。它在小洄湾的冰上滑行了几步，爪子在冰上扒拉扒拉，突然就把嘴巴抵着冰面。接着，嘴巴在冰面上下倒腾几下，当它再次抬起头时，嘴巴里竟然叼着一条鱼！

那个上午，它在小水洼里一共收获了三条鱼。

现在，我知道肉保家的牛为什么能那样长寿，而狼又为何那般绅士了。我发自内心地祝愿青藏高原上不止有大湖大河，还有数不完的大水洼小水洼，水洼里有数不清的鱼。

原来的诺木洪

格尔木往东不足百公里便是诺木洪。

公路两边是无穷无尽的枸杞田，红的、黑的枸杞挂满枝头，有大人带小孩在摘枸杞。小孩并没有正儿八经地摘，而是舞着柳条或是胡杨的枝条（路边有成排的大胡杨和怪柳），像打小狗小猫似的抽打枸杞枝。路边摆着很多新鲜的枸杞，个儿大饱满、完整、晶莹剔透。我们到摊位前去看，摊主嗓门洪亮，一口响当当的山东腔，并非青海当地人，而是诺木洪农场的第二代。他说这不叫枸杞，而叫"柴杞"。我认为他是故弄玄虚，什么柴杞，只不过是柴达木盆地出产的枸杞而已，未必就比得上"宁杞"——宁夏产的枸杞。他又说柴杞比宁杞更甜更营养，是海拔4000多米的昆仑山上的雪水浇灌的，完全无污染。这他倒是没有吹牛皮，枸杞田就在昆仑山脚下。为保险起见，我先到地里摘了几串新鲜的尝了尝。红的枸杞一串串，很像我们湖南的朝天椒熟透的模样。味道稍淡，有点甘蔗般的鲜甜。但这玩意儿很矫情，非得一粒一粒地摘，一撸全瘪了，搞得双手通红。我回头看那些抽打枸杞的小孩，原来在枸杞枝上套了一个他们自己发明的秘密武器：一个长的布袋。那些黑枸杞，倒是一爪一爪的，一抠就一把，但我只敢抠几粒。黑枸杞就像黑黄金一般珍贵，据说高峰时价值上万元一斤。我问摊主，现在黑枸杞什么价？"30！""哦，30元一粒，还能少点钱不？"他望了我几眼，"姑娘，30元——一斤！"

我最终还是买了几斤红枸杞，对于不断降价的东西，其价值我还是有点怀疑。但是，黑枸杞的味道我很喜欢，有股咸味，加之它的籽可以嚼碎吃，那种甜，有点沙沙的，像红糖加了盐的感觉，味道更饱满。但是在这里，我只看到有麻雀在啄红枸杞，黑枸杞林里没有一只鸟。绝大多数时候，判断一种食物是否可口、有营养，尤其是水果坚果类，鸟比人的水平要高很多。后来的经历告诉我，幸亏黑枸杞逐年降价，不然，它将会给诺木洪的另一种植物带来灭顶之灾。

这种植物便是梭梭。实际上，现在枸杞林的地盘以前几乎全是梭梭的。

枸杞地旁边有一大片梭梭林，这是柴达木盆地现存的少数几个天然梭梭林了。星智老师说，在马步芳统治西北时期，从柴达木要修一条公路直达新疆，其间要穿过无数沼泽地，什么石头填上去都是无底洞。马步芳一声令下，砍梭梭林。于是，梭梭连同树根全都铺到了沼泽地，足足铺了三米厚，一条梭梭大道就此连接了青海和新疆。

我看了看梭梭，一株梭梭生出成千上万根枝条，粗不过手臂，高不过人头，从一棵树的这头根本望不到那头，像一座城堡似的，确实是修路的天然基石。星智老师指着一株表皮稍红的梭梭对我说，这株梭梭至少有上千年了。说那倒下的胡杨有千年我相信，至少胡杨盘根错节，躯干扭曲，树叶凋零，一副饱经风霜的模样。而这株梭梭枝叶茂盛，每根分枝都像精壮的汉子，生机勃勃，虽然周围被沙土包围，却看不到半点受过风霜的洗礼，凭什么说它是千岁老树？星智老师用脚踢了踢其根部，扒掉了一些沙土，梭梭的根露了出来。它下面的根至少有十层楼高，星智老师说。

在诺木洪农场刚建的时节，梭梭都是当柴烧，树根是挖不出来的，只能用炸弹或手榴弹炸。炸出来的梭梭树根矮的也有三层楼高。树根大多数情况下都当柴烧，那是当时人们见过的最好烧的树，既经得烧，火力又大，还没有烟，真是"活的煤炭"。20世纪90年代以后，梭梭树根新的价值开始被人挖掘。人们觉得梭梭除了好烧外还真好看，稍加雕饰便可以呈现天女散花、万马奔腾、仙鹤延年、孔雀开屏、财源滚滚，所有能想到的吉祥、发财、长寿的美好场景。梭梭树根作为优质的根雕用材，再一次遭到人们的疯抢。

根雕热过去后，柴达木盆地的天然梭梭林便所剩无几了。仅存的梭梭林战战兢兢熬过了几年，一种喜开紫花的美丽植物——肉苁蓉看上了它，攀上它的根生根发芽，与它结成了"血肉同盟"。本来两种植物相依相偎，相互照看，但是美丽的肉苁蓉被人发现了，成了中医药界的大明星，据说补肾壮阳很厉害。终于，借着大明星、美丽盟友的发达，梭梭才在柴达木盆地、在诺木洪站稳了脚跟。

一条大道将梭梭林分隔成两部分，我们开车在大道上缓缓前行。有成排的灰斑鸠站在电线上晒太阳，还有成群的赤颈鸫一边打着拍子一边唱着动人的歌谣。路两旁还有很多大小不一的水洼，夏天，当地人称其为"啃得狠狠"。即成群的蚊子——柴达木盆地的所有蚊子几乎都集中到此，咬死人不见血。现在水洼里都结着冰，冰面之外是成片的芦苇，已过了黄金期，正高高低低朝着来往的车辆友好地舞着白团团的花，或是卖弄着金黄尚且硬挺的穗杆。此举立即招来一大群文须雀，这群美丽的小家伙毫不客气地在芦苇身上打滚，将芦苇从头拍到脚，从里捣到外，踩弯了它的腰，还将其头颅压到冰面上，芦苇却一副心甘情愿的样子，仿佛雀儿都是它的孩子。最后，雀儿脚踏两根杆，抹着两撇黑黑的长胡子，一声嘻嘻，丢了芦苇丛，飞往梭梭林深处。

在大道两侧，一群不知天高地厚的家伙在来来往往的车辆中，跳着嚷着争抢着，是一群黑尾地鸦。当来往车辆靠近时，它们会腆着将军肚一脸严肃地面对车辆站定。

那些司机一般也是见过世面的，要么从可可西里过来，要么从拉萨过来，拦路的家伙见过太多：乌鸦、麻雀、斑鸠，甚至高山兀鹫，但往往两声喇叭它们便自行撤退了。现在，喇叭一响，黑尾地鸦不但不跑，还又是挥翅膀，又是敬礼，甚至欢呼，仿佛梭梭林是一个巨大的广场，它们就是广场上跳舞的大妈。这一招往往让司机不得不急踩刹车，然后它们就一蹦一跳、一扭一扭地跳过马路，蹦上梭梭枝头，像西部歌王似的放声高歌。

　　车子转入一条小道停下，我和星智老师下了车，沿小道往梭梭林深处走。路面坑坑洼洼，一片灰白，踩上去扑哧扑哧地响，鞋面和裤管沾了一层灰。回头洗掉这层灰，沉淀下来的盐足可以让我后半辈子"盐食无忧"了。林地中有些印痕，宽的无疑是车辙印，不知道车跑到里面是来干什么。还有一些窄窄的印痕，已踩出了小道，估计是兽道。最明显的一条小道上到处是羊屎粒粒，星智老师说这是条"鹅道"，就是鹅喉羚踩出来的道。根据小道的规模和深度，估计是鹅喉羚进出梭梭林的要道。还有一些鸡肠小道，星智老师说是黄鼠狼和猪獾踩出来的。话音未落，前方不远处便传来几声猪叫，星智老师立即示意我噤声。我们紧靠梭梭，大气不敢出。随即，一个"土行孙"从地下拱了出来，黑白相间的毛皮，长着一个野猪似的长鼻子，灰扑扑的样子，无疑是猪獾了。它左闻闻右闻闻，一直闻到我身边，鼻子抽了几抽，就没把我当人看，笔直从我鼻子底下蹿到对面一棵黑枸杞树下。那是一棵纯野生的黑枸杞树，它扯断几根树枝，"吧嗒吧嗒"扒着枸杞就大嚼，然后摇着尾巴往前面的梭梭林钻了。我想追过去再会会那家伙，星智老师拦住了我，掀起一节裤管：看，我腿上就是猪獾咬的。万幸，猪獾是先闻的我，先闻星智老师就会有麻烦了，因为星智老师抽烟。别看猪獾眼睛高度近视，鼻子可是灵，而且它逮什么咬什么。

图 40　黑尾地鸦

星智老师腿上的伤痕就是有次他骑摩托车,路上偶遇猪獾,被那畜生追着咬的。

星智老师说他来守猪獾,它再出现就喊我,我独自一人沿鹅道走向林中深处。

林中间或有一些倒塌的土坯屋,想来是当年农场废弃的老屋。越往前走,土层越疏松,一不留神,我就溜下一个高坑,高坑脚下是一条长而深的谷。我坐在谷底,慢慢清着鞋里的沙,或者说是盐,将清干净的鞋丢到前方晒太阳。谷底和坑上全是白花花的盐渍,谷底某些地方还结着冰,夏季这里应是水流的通道。有一群白眉雀鹛和几只花彩雀莺在梭梭和坑上跳来跳去,后来它们对我的鞋发生了兴趣,叽叽喳

图 41　鹅喉羚（一）

喳讨论着。有两只胆大的白眉雀鹛沿着冰面跳跳跳，就跳到了鞋前。它们歪着头一心一意观察着，对我的鞋评头品足了一番，有一只甚至跳到鞋里面去深入研究，可能认为那只鞋是一条抛锚的船。它们站在鞋帮上搭眼眺望的模样，很像一群水兵。

我收回那只"船"，起身，抬头，在我头顶的坑上，一双眼睛冷冰冰地瞪着我，一只雀鹰不知什么时候到了这里。它瞪着我，大概是恨我误了它的事，因为我的起身，把它的猎物全惊跑了，白眉雀鹛和花彩雀莺一转眼就藏到了梭梭根部。它扒了扒黄土，绿着眼睛起飞了。而我记得，它的眼睛一直是黄的。它大概是气疯了。

图 42　鹅喉羚（二）

  林子里又恢复了宁静。

  太阳渐渐偏西，远处的昆仑山和近处的沙漠笼着梭梭林，极目所见，有一种扑朔迷离的感觉。这时，在沙漠的高处有一对深情的眸子，隔着梭梭林面对面地望着我，一眨也不眨，脸上两道长长的黑色的泪痕。两只漂亮的耳朵竖起来，那表情很像有问题要问。紧靠耳朵有一对黑色的弯角，像对中括号似的朝里弯着，不知那括号里要编写些什么内容。脖子伸得老长，上面鼓着一个粗大的喉结。"鹅喉羚！"我立刻也伸长了脖子和它深情对望，然而它就如我的幻觉一般立即在我激动的面容前消失了。

我既高兴又遗憾，沿着鹅道慢慢往回走，身后又隐隐有极微弱的呼吸声传来。扭头，一只小母鹅喉羚正在用力拉便便，它身后不远处的梭梭树下还站着两只大鹅喉羚，像是它的母亲和兄长，因为其中一只的头上钻出了两只不长不短的角。在家人的严密守护下，小鹅喉羚顺利拉完了便便，跑回了它们身边。它们一家子慢慢悠悠地小跑着，跑几步又扭过头看我一眼，当它们扭着白白的屁股跑时，短短的黑尾巴朝天举着，一起一落，像骑着马的文官举着一支大字毛笔。而那白花花的屁股，就像摊开的大画纸。

它们在林间游着荡着，突然就起飞了：尾巴立即变成一根旗杆，脖子上的大喉结甩来甩去，如同系在风帆上的皮球，让人担心就要脱帆远飞。它们跨过梭梭，飞过芦苇，飞过枸杞，直达沙漠，在起伏的沙丘之上划出一道烟尘滚滚的航迹。然后，四辆皮卡车咆哮着从梭梭林里冲出来，车上有几个男人，后车厢里有锄头、挖铲、电钻、铁镐、绳索、簸箕，他们是昆仑山下一个工地上劳作归来的民工。工地，我站在沙丘之上可以看到，那里全都砍光了，没有梭梭，没有芦苇，连沙丘都没有。

我回到小道上，星智老师已到了车上。他说他一直在那里守着的，但猪獾再也没出来，估计已钻到地洞里做它的春秋大梦去了。要再见到它，估计得明年春天。

但愿明年春天，当它醒来的时候，诺木洪依然是原来的诺木洪。

寂寞德令哈

在原来的行程上，我是没有计划去德令哈的。德令哈只适合海子那样的诗人去抒发感情:"姐姐,今夜我在德令哈""姐姐,我今夜只有戈壁……",太悲伤了,悲伤得我每次看见德令哈的路牌都要掉眼泪。

凌晨 5 点左右,我们从格尔木出发,要翻越唐古拉山到西藏去。

天很黑,也很冷,路边风呼呼地响,像群狼在嚎叫,车身仿佛都在摇摆。这时 109 国道车流应该最小,大货车却如同蚂蚁似的牵成长线,路边密密的大加油站一概生意红火。夹在大货车中穿行,我的头昏沉沉的。走了两个来小时,天还是一片灰黑,只看到昆仑山巨大的魅影,手机已没有任何信号了。而此时,我突然发现一路上只有过去的车辆,没有一辆回来的车,这绝对不是好情况。我强压住内心的慌张,也许熬过这一段就好了,就有车过来了。又往前走了个把小时,还是不见来车,我的心几乎不会跳了。我对师傅摇摇头,回去,师傅,我不去西藏了。

后来得知消息,那天唐古拉山大堵车,堵了 200 公里,5000 多辆车,堵了 90 个小时,有几个司机还因严重高原反应失去了宝贵的生命。

我们转而奔向德令哈。

下午两点左右到了德令哈郊外。很大的风,却也干净,无一丝灰尘。头一探出去,人立刻挂在车窗上动弹不得,还两边脸各挨了两道狠狠的"耳刮子"。费了九牛二虎之力才在风中站稳阵脚。在一片毫无生气和寸草不生的荒漠中,托素湖和克鲁克湖相连,一咸一淡两湖犹如两颗闪闪发光的蓝宝石嵌在大地之上。我们往两湖对岸怀头他拉水库方向去。沿水库过去是祁连山腹地,一个叫雅沙图的地方。星智老师说,这里有盘羊,有鹅喉羚,有白唇鹿,有藏原羚……鸟也有,只是他不认得是什么。总之,青藏高原有的动物这里基本都有。那三种羊我都已见过,兴趣不大。倒是白唇鹿,我非常想见见。

天异常的蓝，只有一两丝白云闲逛。路也是异常好，全柏油路，宽敞平整。但是很奇怪，除了我们的车，没有其他车辆，一辆都没有，我又感觉有点惶惶不安了。但在荒野之中修这样一条高规格的公路，总有什么不为外人所知道的秘密，说不定里面还有怀头他拉岩画或外星人遗址也说不定。况且，这离德令哈不过四五十公里，万一有个什么，施救还来得及。没有一辆车的大道，没有交警，没有红灯，没有行人，积蓄了几十年的车技终于派上了用场。师傅时不时地让车飞一下，我也体验到了真正的过山车是什么感觉。

车飞过了几个山头，在山里转了两个多小时，竟然什么也没碰到，连青藏高原上大名鼎鼎"恶贯满盈"的高原鼠兔都没见到一只。我们于是将车速放慢，几乎是让车慢慢溜着走。我们拿出两个望远镜眺望，一会儿望望天，一会儿望望山，一会儿又望望地，视野里什么也没有。一望无际的荒原上，只有一丛一丛枯黄的芨芨草，还有一圈一圈淡红色不知名的矮小灌丛；连绵的祁连山，是一棱一棱光秃秃瘦削的山脊。星智老师说这里荒凉得就像火星，难怪外星人喜欢到这里来参观。我觉得他有点言过其实了，火星还远着咧，这里更像月球。你瞧，月亮不正悄悄爬上祁连山嘛。我们正在外太空神游，一阵淅淅沥沥的水声将我们拉回地球。一条小河，不知从哪座山下蹿出，胸膛里流着浑浊的黄水，像个小脚老太太似的，磕磕绊绊沿山脚而行。有水就一定有生命，白唇鹿说不定会到河边来喝水。我们于是沿河一路寻找。河边一角的一块大草地，凹凹凸凸的有很多小石块，边角都崩塌了，像泥石流造成的灾害。但星智老师说这里年降水量不过50毫米，蒸发量却在2000毫米以上，泥都没有，哪还会有水流？不过，我们湖南百年不遇的洪水在近20年里就出现至少5次，大自然有什么做不到的呢。

在这条我见过的中国最寂寞的山脉里,在最寂寞的草坪上,我们终于看到了这座山里的第一个居民——一匹黑白相间、寂寞的老马。

虽然穿着黑白相间的条纹服,但显然不是斑马,因为这里不是非洲大草原。但无论怎样说,它也算半匹野马了,作为雅沙图方圆百公里唯一的居民,不野也变野了。它年轻时一定是一匹美丽的骏马,那身黑白相间的制服,可以证明其出身一定是卓尔不凡的。现在它真是老了,肋骨一根一根地往外鼓着,和祁连山上那些瘦削的山脊有得一拼,真让人担心会刺破它的肚皮。它一直低着头啃草,但那是什么草哟,只有石头缝里还能幸运地找到几根草根,连高原鼠兔都不愿来做窝的地方,真是寒酸。不过,这匹曾经帅气威武的老马同这死气沉沉的环境相比,总算还是寂寞家庭里一个活着的灵魂。就好像一个村庄,最后剩下的空巢老人,拄着拐,在夕阳里翘首站立。

告别老马,我们继续前进。前方出现一个岔路口,思索一番,我们选择了右边的路,因为河是往右边走的。

路况一如既往的好,依然是柏油路,依然没有任何人类足迹,连路两旁连片的草地上都没有了铁丝围栏。虽然草很稀少,但黄色的浅草还能在风中点头。这也是我四次上青藏高原,第一次看到有价值、有前途的草地没有围栏。

又开了两个多小时,依然只看到前面山连山,看不到路的尽头。师傅说我们已到了甘肃境内。月亮一直挂在山上召唤我们,而且越来越近,似乎伸手可摘。但我们狂热的头脑很快被大风吹醒,我们决定放弃"登月计划":返程,马上!因为油箱最多支持我们跑200公里。我们可不想逃出唐古拉山大堵车,又被困在祁连山上,在这里手机同样没有任何信号。

到达德令哈市内已是灯火通明，街上热闹非凡，但热闹是他们的。我今天已跑了 16 个小时，上千公里，我只想睡。

第二日又是凌晨 5 点出发，我们还往雅沙图跑，我们得再去找找白唇鹿。

依然是平坦的道路，动人的孤寂，除了月亮还在那座山上看着我们外，连鬼影子都没有一个。进山约莫一小时后，看见左侧山包下有隐隐几个灰色的身影在活动，白唇鹿！我立刻喊师傅停车。我听到自己的心怦怦地跳，看着那几个灰色的身影，就像看到久别重逢的亲人，只差跳下车去和它们拥抱了。那几只白唇鹿看到我们的车停下，也停止了活动，懵懵懂懂地抬起头瞪着我们，一脸诧异。它们也许刚刚起床，还没睡醒，一睁眼，一个怪物出现在它们面前。如果把我们当怪物可能还要好点，糟糕的是，它们把我们当人看了。虽然我们全身迷彩打扮，它们还是看出了我们的"人模人样"。不过 10 秒钟，它们身子一弹，转头就往山里奔，摇着几瓣白花花的屁股，消失在曙光里。咦？白屁股，不是白嘴唇？就像一股凉水泼到我的脊梁上，我火热的心立刻凉了半截。青藏高原上，还有谁有那么招摇而显摆的白屁股呢。哎，它们不是白唇鹿，是一群藏原羚。

藏原羚的出现就像在寂黑的屋子划燃一根火柴，让我们看到了一丝光明。白唇鹿也许在某个山坡上朝我们眺望咧。我们交换了一个哈欠，鼓足精神继续往山中奔去。

那匹老马还在不紧不慢地啃草，很可能它一夜都没有停止进食。老马的精神令我们再次向它投去敬佩的目光。

又到岔路口，没有思索，我们直接往左边的山谷去。

左边山谷没有河流，路一直在向上延伸，没有尽头，海拔也在慢慢升高。接着，

图 43　藏原羚

清晨的第一缕霞光扫过群山,一座一座皑皑的雪山像翻开的书本摊在我们面前,被阳光映得通红。我们在每一座雪山的阴面,在草地与雪山交界的阴影里反复寻找,试图在"书页"里找到一些蛛丝马迹。这么高这么连绵的雪山,没有任何人烟,可以说是雪豹的天堂了。雪豹可以在那个山头抓一只藏原羚当晚餐,还可以再翻越几个山头到这边来抓一只白唇鹿当早餐。可是,它的早餐在哪儿呢?

继续沿大道往前开了两小时左右,依然没有任何动物的痕迹。再往前开,我们便可以与阿尔金山握手了,还是打道回府吧。说不定,白唇鹿跑到河边去喝水了。

回到岔路口，我们想找一个既开阔又避风还有阳光的空地，转来转去转到了老马啃草的那块草地，我们决定在那里生火做饭。已经中午了，我们还没吃早餐。

不得不再次佩服那匹老马，我们在草地上要拔几根干草生火都异常困难，根本不够点火。幸亏车上带着个小汽油炉，师傅从油箱里吸了油出来，生起了火。

那里真是一个天然的避风港，阳光从头顶直射下来，风在群山外徘徊，群山像一群面无表情的老翁，就像整个世界只有那匹孤独的老马在啃草，连喷嚏都不打一个，安静得让人心寒。星智老师举着望远镜默默地继续眺望，我便在草地上溜达，又是唱歌又是吹口哨还兼拉几个一字马，试图引出某一种活的东西出来，对我的表演表示一下好奇也好。然而，我的一字马一直拉到草地靠河岸一线，也没有谁来慰问一下。接着，我的脚踢到河岸一个硬邦邦的东西，捡起一看是一把生锈的小铁镐。我又被一个废弃的沙土筑的灶台绊了一跤，还踩到一些啤酒瓶的碎片。种种迹象表明，这里曾是驴友们出征祁连山的大本营。星智老师将那铁镐审了三遍后，断定是八十年代的挖金人丢弃的，他说这里挖出过一块迄今为止、中国最大的自然金块，有7斤多。

原来三十多年前，雅沙图竟然是全中国最热闹、最富裕、最充满梦想的地方。这里的每个角落、每个角落下面的每寸土地，都曾被当年狂热的挖金人刨过三遍以上。这里崩塌的每个边角、乱糟糟的石头，都是当年放炮留下的伤痕，并非泥石流的缘故。

吃罢午餐，我们又沿河找了一圈，又到了甘肃边界，依然什么也没有。

黄昏时分，我们出山，一只秃鹫盘旋的身影升上半空。我们追踪了它一会儿，试图看看它会找到些什么。然而，它却一次一次地俯下身子，好奇而又严厉地审视着我们，好像也试图看看我们会找到些什么。月亮出来了，愈来愈明亮，秃鹫的身影淹没在月色中，消逝于群山。

再回德令哈，又是灯火通明。满城都回荡着深情的男中音："姐姐，今夜我在德令哈""姐姐，我今夜只有戈壁／草原尽头我两手空空……。"

黄河远去

从德令哈出来，我们沿龙羊峡水库，经共和、贵德、李家峡水库往兰州方向去。

车在龙羊峡水库的崇山峻岭中穿行，就像在迷宫中穿行一般。狭长的峡谷，拐不尽的弯，过不完的山，抬头一线天。偶尔会有一只美艳的赤狐趴在某个转角的山口，朝我们抛着媚眼。然后突然眼前一亮，水库就像一个巨大的绿色吊床，安静地悬在赭红与灰黄的群山之中；金色的阳光下，一群绿头鸭和几个钓鱼人在水库边上各自忙碌；水面泛着点点银光，如同繁星在天幕闪烁。这些美丽的色彩如此和谐地交织在一起，让我几乎都要放弃一切，只愿当个黄河钓鱼人。

途经共和巴卡台，山上插着一些朝天举着的剑，意为"马放南山，刀枪入库"。星智老师说，每年都有很多藏人到此来祭拜，祈求世界和平。在龙羊峡水库修建之前，这一带全是藏原羚的地盘，当年作为民兵队长，星智老师带人开着卡车，架着机枪，打着灯笼来横扫藏原羚。往往只要车一出来，必定装满一车藏原羚回去。现在，整个龙羊峡库区，藏原羚已基本绝迹。

出了巴卡台，荒漠草原渐变成绿地，我们穿过一个又一个藏汉混居的小村庄，虽然并未看到有人频繁出没路边，但各种各样的迹象表明这些村庄还是有勃勃生机的。路边小叶杨的叶片密集而金黄；藏民居和汉民居交错混杂，红屋顶灰瓦顶，土围墙木栅栏各具特色；房前屋后的杏树叶片红得像天边的晚霞；长把梨吊着长长的把柄在院子里晒太阳，那些最早成熟的果子早已被鸟儿啃掉半边，一对麻雀正抱着半边梨荡秋千；田野里青燕麦刚收割完毕，散发着沁人心脾的芳香；燕麦草扎成捆，在田野里站成整齐的队伍，像等待检阅的士兵；大群的野鸡从山上大摇大摆地下来，准备来享受燕麦收获的盛宴。

青藏高原上的野鸡也是指环颈雉，只不过头是黑的，脖子上没有那道白环。星智老师还是小星星时，即六十年代中期，他们住的是低矮的茅草房，野鸡每天晚上都在他们家房顶上睡，长长的尾巴扫着人头顶的灰尘。平日里，他和野鸡玩，就像和自家养的鸡猫狗玩似的，抓着它玩，或丢个石子打打它，它也不会跑。但野鸡上了房顶或上了树就不能去抓。在藏民的传统里，野鸡是山神的子弟，和人一样，生命是平等的，你上床睡觉被人抓起来肯定也是不爽的。某日放学归来，小星星饿得发慌，实在忍不住就去抓了房梁上的野鸡，他弟警告他不准捉，他警告他弟，只要你告密就拧断你脖子。他弟冒死去告状给他奶奶，奶奶抓着棍子就来追他。他一边跑一边拧断了野鸡脖子，奶奶气得吐血，非要棍杀了这个孙子，呼天抢地地追。全村人都跑到各家房顶上一边大声指责这个败类，一边指点奶奶到哪儿去截杀这个不肖子孙，全村一片喊打声。小星星后来被捉住，好一顿痛打。若干年后他每次回村，仍是免不了被村人耻笑。

野鸡对藏族人是十分信任的。星智老师说，野鸡有时被金雕追，第一反应便是钻藏族女人的袍子。藏族女人外出背水、砍柴、整地时，往往会碰到这种紧急状况。

图 44 环颈雉

野鸡钻袍子里了,便赶紧蹲下,掖着裙子四角,护着那逃亡者。

　　麦田里,藏族妇女在扎燕麦草,嘴里唱着歌,脸上挂着满足的微笑。这些麦草卖给牧场,一斤值 4 毛钱,一亩地可收七八千斤草,这是一笔额外的收获。野鸡脸上也挂着满足的微笑,时不时扑腾翅膀高歌一曲。地里掉下的燕麦粒,足可以支撑它们过好整个冬天了。

　　过了这带村庄,便到了贵德。在我的印象中,黄河水是黄的。一路所见黄河水,也无不浊浪滔滔。而贵德的黄河地段,黄河水变得清澈见底了。星智老师说是因为龙羊峡拦截了上游的泥沙,才成全了"天下黄河贵德清"的美名。

冬日的贵德黄河湿地十分寒冷,水面结着一层薄冰,芦花上白霜晃荡。但这一切并不会阻止一些勇敢的歌唱家来此唱歌。太阳才露脸,一对山噪鹛就扯开嗓门来了一串黄河小调。五只大天鹅也直着脖子欢唱着,摇摇晃晃落在冰面,其优雅的外表和不惧严寒的精神足可以让人忽略其粗糙的嗓音。河边杨树林最高的树梢上,太平鸟、小太平鸟都在卖力歌唱。它们名为唱歌,实为攀比。就外貌与体形及歌唱技巧来说,两种鸟不相上下,只是尾部的色彩一个黄,一个红。头发的式样都梳成"贝克汉姆型",连颜色都像。它们将尾巴打开,撑成了一把半自动的"太平伞",并不断变换"太平伞"的方向和花样,向对方示威。它们又皱着眉头扯起嗓子,以批评家的眼光嘲笑对方的发型,彼此间充满了敌意。一只赤颈鸫赶忙跳到它们中间,它觉得两种太平鸟这样竞争太耗费生命了,力劝它们组成一个歌唱组合。它认为无论从颜值、服装还是表演水平,它们都可以直接上动物春晚。它们一上台,必将引起动物界的轰动。

湿地对岸的山坡上,有三幢就其规模绝对是按超五星级度假村设计的大厦,已成了烂尾楼,估计是环评原因或气候所迫停工。以前这一块是白尾海雕经常光顾的地方,现在看来它们是不会再来了。

就在我们对海雕彻底丧失信心时,湿地下游不过五六公里的一段河谷,在黄河对岸的水边,我发现了六只灰不溜丢的鸟,正齐刷刷地蹲在水边。那是什么?斑鸠?鸬鹚?白尾海雕!我们立马停车,一大队羊正在河这边往我们的方向过来,我穿过羊群往水边奔去。"喂——!"我正奔,身后一个严厉的声音响起,回头一看是个扎着红头巾的牧羊女。"你,干什么?!"牧羊女挥鞭指着我,身边的牧羊狗开始朝我龇牙。"鸟！鸟！"我指着对岸水边的海雕。"什么？"牧羊女捂着耳朵向我靠近，牧羊狗开始咧嘴。星智老师忙过去和牧羊女解释，我终于得了许可走到河边。原来，那牧羊女以为我是盗猎者，把我的相机看成了一把长枪。

那六只海雕此时已分散行动，有四只飞往下游，两只飞往上游。此段河谷的风很大，在8级以上，风刮着沙让我既透不过气又站立不稳，我决定溜下河坑到水边去。星智老师强烈阻止我下河坑，他说龙羊峡说不定哪时放水，一眨眼工夫水就涨上来了，你跑都跑不及。管它咧，海雕在召唤我，我溜下了河坑。

那四只往下游的海雕，有两只一老一小贴着水面飞行一段，就停在不远处水中倒置的两棵树上。还有两只伴着河坑，在风中摇晃着往前飞，消失在河坑转弯处。

河水流速很快，卷起波浪向两棵树冲去。老海雕站的那棵树高高突出水面，很像一个蜂巢，是一个由树枝架构，树叶与三个蓝塑料袋、一个白塑料袋筑的巢，看上去华丽极了，但显然老海雕站上去的感觉有点不妙。它紧张不安地注视着水流，不停地变换方位，牢牢抓着树枝，唯恐被冲走。后来它实在受不住那折磨，便飞到了小海雕站的树枝上。小海雕选的树枝是竖着在河水中的，突出水面的部分不多也不高，但根根枝条粗壮结实，没有塑料袋和树叶来攀龙附凤，真是一棵天然的钓鱼树。它正翘着屁股守鱼，对于老海雕的到来也没有起身表示欢迎。老海雕感觉站的位置有点挤脚，又好像受了怠慢。它张嘴仰天长啸了几声，声音就像小狗叫，给了小海雕警告。无奈小海雕稳坐钓鱼树，就是不让座。老海雕于是又像小狗那样朝着小海雕的耳边叫，小海雕不得不转过脸来，它并不怕老海雕，而是烦它的叫声，叫声把它的鱼都吓跑了。它翅膀扑腾两下，落在树枝的顶前端，把原来站的位置让给了老海雕。好了，一老一小，各自守着树枝的两头，用最原始的方式捕鱼。可能还用这种老方法捕鱼的就只有它们了。我觉得它们是黄河边上最富有经验的渔民,是真正的渔民。

　　这边两只海雕在守株待鱼,在河坑的转弯处另两只海雕在上演夺鱼大战。我们的车刚转过河坑,一只年轻而结实的海雕叼着一条大鲤鱼从河面上冲出来,它叼着胜利的果实喜滋滋地飞到岩壁上。它相中了那里的一丛灌木,准备落到那里好好享用。它还没落稳,背后就冲过来另一只瘦削的海雕。它抓鱼的地盘,本来是那只瘦海雕的。它抓着鱼立刻往高处的岩壁转移,一边飞,一边回头咒骂那个"地头蛇"。

图 45　白尾海雕

它流露出嘲弄的口气，而且极度自信。那"地头蛇"也气啊，它在那儿守了好几天，好不容易发现条大鱼，却被这个侵略者抓走了，所以拼了老命也要夺回来，不然，在此地咋立足啊。它紧追不舍，抓住入侵者的后脑勺猛地一扯，一把羽毛撒向空中。侵入者勇敢回击，脚爪狠狠地蹬了"地头蛇"的胸脯，也抠了一把毛发下来。然后，两只海雕在崖壁上缠到一块儿，小石块和沙土就像落雨似的往空中抛洒。它们忘了俘虏——被撞得晕头转向的大鲤鱼早已跳回河中，逃之夭夭。

到李家峡水库途经坎布拉，这里是青藏高原和黄土高原交会区，一片很大的原始森林。植物千姿百态，在山坡，在高地，在峡谷向我们频频招手致意。两侧巍然屹立的谷壁形状和结构变幻无穷，像红脸膛的罗汉、威严的佛祖、多情的少女、圣洁的尼姑；像大象、山羊、牦牛、鼠兔，只要你想象力够丰富，大自然中的任何物种都可以在此找到代言。山中佛祖众多，还有一尊巨佛正在建设之中，不过，十多年过去了，还是老模样，看样子也是停工了。原始森林中，一切事物在自然体系中都自有其用处和恰当的位置：佛祖供人仰望，山羊在佛祖的地盘立足，鼠兔在山羊脚下穿梭，万物皆可爱。非得要再筑巨佛，反而多余。这么一座生机盎然，充满巨大诱惑的原始森林，只有一群戈氏岩鹀在树上活动。别的动物去哪儿了？真是个神秘莫测的谜。

转过坎布拉，山上的植被就像皇帝的新装，连同山间的小村庄及杨树，一概光秃秃的，被染成灰扑扑的颜色。每个村庄都是沉寂的，没有鸡鸣，没有狗吠，没有鸟叫，没有羊咩，没有咳嗽和打闹声，连风吹树叶的声音都没有。我们一直走到李家峡水库的边上，终于看到两栋有颜色的房子，红屋顶绿大门。有一家人，一条船，还有几排长把梨树及枣树。树下一群鸡，甚至还有一条狗，那条狗已经热烈地扑上来向我们表示欢迎了。然而星智老师一开口，那家人立即借口捕鱼，驾船跑了。我问星智老师说的什么，他说只问他们家有几口人，是在这里捕鱼的不。那家人根据星智老师的问话，结合我们一下车就东张西望的架势，断定我们是来搞环保检查的。实际上，我们只是来看鸟顺便搞点吃的。

主人跑了，狗一脸悲伤地趴在房前台阶上不再吭声。一只灰头绿啄木鸟跳上了长把梨树，卖力地敲着树干，好像在向我们示意：这梨怎么样？看，我就是最好的代言。受它蛊惑，我摘了几十个梨填了肚子。不怪我肚大，一怪梨太甜，二怪梨太小。那梨只有我拇指甲大，把柄像山上的脊梁，又干又瘦又长。我顺便压了一张20元钞票在台阶前，希望那条狗能告诉它的主人。

吃完梨，我们继续在李家峡山岭中穿行，一对红嘴山鸦从头顶高歌而过，像是要去赴某个盛宴。山谷顶上出现一只胡兀鹫，晃晃悠悠朝我们头上盘旋，越旋越近，嘴上那撇威武的黑胡须都清晰可见。那白色与橙红相间的头部，在鹫界无异于一颗出类拔萃、高贵又稀罕的灵芝。它盘旋一会儿便停在山坡上，好像朝坡下摔下了某样东西。东西摔下去后，它急忙飞过去检查。扒拉了两下，好像对结果不满意，又转身去"搬"了块大石，朝那堆东西狠狠砸去。砸完又扒开看，显然对结果还不甚满意，又转身去"搬"了块更大的石头。当它准备砸第三次时，山顶出现了另两只胡兀鹫的身影，它急忙叼起那堆东西再次起飞。我们原以为它抓的是一根长骨，胡兀鹫最爱砸长骨。然而，它脚上夹着那堆东西就像哈利·波特骑着扫帚去飞行。而它这把具有魔法的扫帚，星智老师说很可能是一副岩羊的肠子。

我们无法断定那把扫帚到底是什么，胡兀鹫已飞到山那边去了。我们翻过山，穿过公伯峡、狐跳峡等一系列峡谷，到了黄南藏族自治州。公路两边绵延数里全是丹霞地貌，恰逢大雪，天地是红白两色。雪雾像长长的白丝绸缠绕山间，白雪笼着红彤彤的山头，数百只达乌里寒鸦在风雪中结成生死同盟，从四面八方汇集到电线上，大张着嘴对着漫天飞雪唱着由衷的颂歌。它们和天地一起慢慢变白，就像电线上站满了雪菩萨。

穿过大雪，翻过孟达林场，我们沿黄河一路向东。途中又经过无数个藏汉、藏回汉、藏回汉加撒拉族聚居的小村庄，受到一个由无数只大斑啄木鸟组成的公路杨

图 46 胡兀鹫

树乐队的热烈欢迎，黄土高原便映入眼帘：一层一层绿油油的梯田嵌在群山，色彩艳丽的民居嵌在这一片绿中，驴系着铃铛在山间吃草，成群的白眶鸦雀在田头嬉闹，大自然和谐地勾画出一幅完美的田园风光。

墨脱之声

　　一个先我两天进墨脱的朋友发信息给我：嘎隆拉隧道那边在下暴雪，墨脱县城已停电半月有余。墨脱的路是世上最烂的路，他的额头被撞了三个大疙瘩。那里的每片树叶上至少有五条以上蚂蟥，菜碗大的蛇说不定就站在某棵树上等你。

　　我已爬到嘎隆拉冰川的半山腰，仿佛听到山那边雅鲁藏布江在咆哮，看到各种小鸟在林间召唤。退回去？我可是从滇藏线日夜兼程才赶到这里的，继续走！

　　穿过隧道即是墨脱，没有碰到大暴雪。虽说路烂，但如果从路旁密林捡两根树棍一撑，一小时即可滑到墨脱县城。这样的路很适合"高山泥滑"，从海拔四千多米直落海拔几百米的江边。不过，我和同伴没有这样做。我们走路，司机开着车在泥浆里与我们赛跑。

　　路两旁是原始森林，从高山寒带植物到热带植物，从雪舞冷杉到雨打芭蕉，仿佛地球上的植物在这里开博览会。某些槭树和枫树已换上有色彩的秋衣，提醒我们时令已到10月中。各种苔藓植物如同森林精心编织的时尚毛毯，以千奇百怪的造型披在树干上、铺在林地上，打造出一个魔幻帝国。蘑菇是森林为有心人准备的礼物，只要肯弯腰，苔藓之上，树根之下，总有几朵在等你。墨脱特有的各种小鸟在林间欢唱，为整个画面添上了点睛之笔。

一只棕腹啄木鸟率先敲响了出行的钟声。锈红腹旋木雀紧随其后，贴着树皮在苔藓上检索。两个"大医生"开始为森林巡诊，后面跟着混吃混喝的追随者：纹喉凤鹛、黄颈凤鹛、黑冠山雀、褐冠山雀，各种柳莺，还有几只路德雀鹛。它们前呼后拥，一路笑着叫着挤着，生怕错过盛宴。在某些时候，当一个森林医生，可能比当人类医生更受尊重与爱戴。

林下的世界是安静的，棕腹林鸲雄鸟站在一根竹枝上抽动着尾巴，细声细气地呼唤老婆。唤了半天，它老婆没出来，橙胸姬鹟的老婆倒是跑出来了。它歪着脑袋思考了会儿，觉得不能跟别人家的老婆站一根竹枝，于是翅膀一拉，飞到了一块石头

图47　棕腹林鸲

上，在石头缝里找到点吃的，又开始喊老婆。不成想，又惊动了灌丛中的一对棕朱雀，那一对儿跳出来蹦到竹枝上，还没站稳，又觉得不够安全，脚下一滚，又钻到灌丛深处了。"你快点来呀，"最后，它跳到石块附近的一根竹枝上，一边扑棱翅膀，一边向四周鞠躬。半天，它老婆终于出现在了它最初站的那根竹枝上。相比老公鲜亮的橙蓝色外表，老婆朴素得就像它们站立的竹枝一样。

泥浆路慢慢转成瀑布路。每一个拐角，一抬头就能看见瀑布在咧嘴大笑。瀑布之下的岩壁上岩生石蒜兰开着大朵紫红色的花，掩映在绿色苔藓和各色野花间，尤显高贵大气。有段岩壁长约百米，已成了一堵石蒜兰花墙。花朵在瀑布扬起的水雾里尽情绽放，阳光斜掠岩壁，穿过水雾，给它们镀上了一层柔和的金光。每辆经过这里的车都像岩壁上的蜗牛，一步一步爬着，车中人不敢开窗，更不敢下车欣赏它们。大自然里从不缺少懂得欣赏的勇士，有一只勇敢的黑蚂蚁爬上了花瓣。而在一大丛花畔，一只蜘蛛在苔藓与花瓣间巧妙地结了一张大网，一只蜜蜂躺在网上，为这片花卉的繁荣贡献了生命。假如是七八月，成千上万只蜜蜂和蝴蝶在岩壁上为花蕊热舞欢唱，那会是什么盛况？这个问题恐怕无人能给出答案了，花墙上已被戳了无数小洞，是为安放炸药准备的。作为扎墨公路的天险，这堵岩壁必须清除，只是可惜了这些令人心动的美景。

到达墨脱县城已近晚上 10 点，满城尽是发电机的突突声。原来发电站在雨季被大水冲垮了，不知何时才能修好。

清晨，墨脱街头极静。我们往仁钦崩寺方向去。站在山头，可以看到大雾从雅鲁藏布江缓缓而上，将整个峡谷塞得一片银白。雾升到半山腰时，像被谁扯了一把，墨脱县城在面纱下露出了一角。接着,浓雾深处爆发出一个嘹亮的声音:"该死的,哎呀呀;该死的,哎呀呀——"这是黑额树鹊在厉声诅咒。随即,森林里响应声一片。不止黑额树鹊,塔尾树鹊也加入了,这群急性子再也抑制不住对浓雾的抱怨和对太阳的渴求,十几条剽悍的身影叉着翅膀跳到树梢大叫。然后是鸡鸣、狗叫、犏牛闷雷一般的低吼,最后是大拟啄木鸟连珠炮似的责问,太阳终于出场。

忙了一晚上的领鸺鹠在太阳出来后就躲在一棵大杜鹃树上睡大觉。正睡得舒服,一群黄颊山雀跳过来找虫子吃。有一只跳到它跟前:啊,这不是我们的敌人吗?它正在睡大觉!立即发出一声惊呼,所有黄颊山雀都赶过来咒骂这个敌人。领鸺鹠被骂得不好意思,只好跳出来,一边争辩,一边向它们发出警告:你们不要过来吵老

图 48 领鸺鹠

子,小心逮了你们。不警告还好,这一警告,森林里与它有过仇的小鸟,像灰头柳莺、灰腹柳莺之类的,都闻声跑来围住它,将它的罪状一一列出来,骂得它抬不起头。一只灰头柳莺还拿翅膀去砸它的头,它不得不抱头逃到另一根树枝上。它站在那里,眼珠朝天翻着,得想个对策。一只黄颊山雀又冲过来,试图来个扫堂腿。它吓呆了,不得不再次换枝站定,鼓起腮帮子向这群平日里的手下败将发出最严正的警告。光警告是没用的,哪怕说大杜鹃树亘古以来就是它的财产,它们也不会离开半步的。不止如此,声讨队伍还在扩大,又来了一群绿背山雀。领鸺鹠最后发出凄厉的叫声冲出了包围,在远处树林中找到了另一棵更粗壮的大杜鹃树,在那里,它可以安静地等待黑夜,并筹划夜晚的复仇行动了。

图49 栗腹䴓

仁钦崩寺香火旺盛，外围也热闹。八只楔尾绿鸠像随风飘舞的彩叶：一时挂上瓦檐，一时落在屋顶，更多时是无声飘入森林。而那些铺满苔藓，寄生着各式各样兰花、杜鹃、石斛的树干上，小鸟们正狼吞虎咽着"小点心"：虫卵、幼虫。去了一波红翅鵙鹛，又来一波栗背奇鹛，跟着还有一群斑胁姬鹛，它们心急火燎地刨着美食，甚至可以听到咂嘴巴的声音。在这群美食家中，有几只吃相很特别，这是一群䴓鸟，有白尾䴓、栗臀䴓、栗腹䴓等。

䴓鸟是森林里最漂亮的杂技演员，更准确地说，是行为艺术家。它们喜欢在树干上"开倒车"，头朝下尾朝上地倒着爬，倒着吃，甚至倒着拉便便。如此热火朝天的场景将䴓界的大牌明星——丽䴓也吸引过来了。恐怕整座森林的丽䴓都倾巢出动了，一下飞过来12只。它们顾不得形象，一股脑扑到树干上，一边敲着树干一边点头，好像对这里的美食很满意。有一只丽䴓照例一直往后退，一大丛茂密的贝母兰挡住了它的退路。它掉转头，对这丛花卉表示了浓厚的兴趣。没有一条蛀虫能逃过丽䴓的

图 50　白尾䴓

法眼,哪怕你有最美丽、最严密的保护伞。围着花丛打了三个圈后,它整个身子投入了米黄色的花丛,只剩一节蓝色小尾巴在外摇摆。最后,花瓣里伸出一张小尖嘴,终结了一条肥胖蛀虫的生命。

从高处俯瞰雅鲁藏布大峡谷确实壮观险峻,但走进峡谷底部才发现,也并非阴冷恐怖难以踏足。那里密布着各种热带植物与花卉,尤以野生芭蕉为多。柠檬大如枕头,我买了三个。一个柠檬一行六人吃了三天。芭蕉叶上吊着一个蜂巢,大如炮弹,成千上万只蜜蜂正往炮弹里塞火药。一只纹背捕蛛鸟站在大榕树叶片上,对着公路梳羽毛。一根枯树枝上立着一只红隼,正侧身眺望河谷。雨丝将它全身羽毛淋得有点乱了,它却连眼睛都不眨,像个尽职尽责的哨兵。

它真可能是一个守桥的哨兵,身后即是德兴大桥。大桥将雅鲁藏布江南北两岸连接起来,旁边是一座已废弃多年的藤桥,被当成文物保护着。即便没有当成文物,想要从藤桥上走也绝非易事,除非你能无所畏惧,把两岸岩石滚落到江中发出的轰

图 51　丽䴓

隆声当作伴奏音乐。不止如此，河水还在你脚下打着旋儿往上跳，将藤桥拍得咯吱咯吱摇。在狂野的交响曲中前进，恐怕只有当地门巴族和珞巴族老乡才有胆量。

另一只红隼抓了一只老鼠跑到藤桥上来享用。它其实大可不必来显摆，这引起了两只猛隼的不满。猛隼已经在藤桥附近的电线上站了小半天，下雨天，它们一直没找到吃的。现在你抓只老鼠在它们眼皮底下晃，不是看它们笑话吗？它们一边数落着天气，一边嘲笑红隼。老鼠算什么呀，能抓到会飞的那才叫厉害啊，老鼠俺们都吃腻了。雨势变小，美食就要跳出来喽。

它们扎进了树林，很快，一只暗绿柳莺就成了它们的战利品。那只可怜的柳莺本来和几只金头穗鹛、淡绿鵙鹛、黑胸太阳鸟在芭蕉叶下躲雨，感觉芭蕉叶上没有雨声了，便一窝蜂跳出来，没承想遭遇不测。

离大桥不远是果果塘大拐弯，是个马蹄形大弯。只是马蹄有点破损了，被剃掉一大块，种上了茶树。茶树不高，开着小白花，云雾缭绕其间。这里出产绿茶、红茶，还有黑茶。无疑，墨脱的茶是最原始、最香醇的饮品。只是，每棵茶树所站的位置都曾有过美丽的生命停留。那片茶场往年也是犀鸟的乐园，犀鸟曾像出征的士兵一样排着长队，吹着集结号列队而过。它们鼓着巨大的翅膀为脚下的大树喝彩。现在，我们还能隐约听到一只棕颈犀鸟躲在茶场高处的密林里，发出一声又一声低沉的叹息，如同森林吹响的熄灯号。

背崩村在雅鲁藏布江东岸，是喜马拉雅群山中的一个小山坳，前方有个德阳沟。饭总说那里确实有菜碗大的蛇，熊也有。蛇不怕，熊倒还真得小心，我们就在村周围转。

村前有片草场，几匹马在吃草，一群大嘴乌鸦紧跟在马屁股后面。一只棕胸佛法僧站在电线上也紧盯着马。马一举足一挪身，都会引发乌鸦大声欢叫，就跟马是它们偶像似的。棕胸佛法僧也会跳过去站在收割后的玉米秆上，马一动，它们立即冲到马蹄下抢飞虫。有只乌鸦纵身跳到马背上，得意扬扬地拍着翅膀，当自己是个王子了。乌鸦看出马身上毛最深的地方在脖子处，便挪到马脖子上站定，开始在鬃毛里忙活。鬃毛里的虫子可能真不少，惊得乌鸦连翻白眼。它索性掉转身子，双脚紧扣鬃毛，嘴巴搭在上面不挪地方了。马也很享受乌鸦的服务，虽然它相貌不理想，技术还是很不错的。只一会儿，马就觉得全身轻松了，半眯着眼，一边摇尾巴一边往前面溜达，随后，干脆小跑起来。它一跑，乌鸦站不住了，不得不奔向另一匹正甩脑袋的马。那匹马很瘦，估计身上的虫子也不少。随着马的奔跑，惊出一群飞虫，棕胸佛法僧趁机又捞了几把。

不知马身上和马蹄子下到底是何种虫子，可以看到马眼睛边上吊着一串串蚂蟥，像插着一排灰色牙签，当然，鸟是不吃蚂蟥的。

谢天谢地，10月已是雨季尾声。几天下来，我们没有被蚂蟥攻击。我们在背崩村吃午餐时，正准备庆祝，一低头，发现了几条血印，一条蚂蟥正在血印里抬头瞄着我们的脚。回头看我们走过的路，竟然是一路血痕，一行人立刻脚麻手抖头发冷，脱鞋脱裤松皮带，却只看到血，没看到蚂蟥。

一星期后我们出墨脱，山中每片叶子都已像蝴蝶一般五彩斑斓。从80 K（贡日村）往波密方向，森林像是被施了魔法一般，变成一座彩色宫殿，连苔藓都变成了红黄绿紫四色。嘎隆拉隧道附近大雪纷飞，出了隧道，一道彩虹架在波密与墨脱之间。我们踏着彩虹下山，云雾在身后翻滚，嘎隆拉冰川筑起了一道雪白藩篱，墨脱藏在藩篱之后，再也不见。

川西高原

大熊猫背后的故事

四川卧龙自然保护区横跨耿达、卧龙两镇,是名副其实的"大熊猫之乡"。看其地理位置便知离映秀极近。大地震中卧龙人员伤亡不大,但房屋道路损毁严重,大熊猫繁育基地更是损失惨重,圈舍尽毁,据说大熊猫吓得四肢发软,站都站不起来。

保护区的何老师,1988 年大学毕业即到保护区工作,已在此工作 30 年。当年的天之骄子将青春和热血都献给了大熊猫事业,实在令人敬佩。他个子瘦削,穿着一身普通的迷彩服,讲话慢条斯理,嗓音低沉,看去有几分木讷。但一说起熊猫,便眉飞色舞,嗓音洪亮,一脸的骄傲和自豪,仿佛个个都是他的孩子。看大地震后的新闻,只说熊猫基本安全,有惊无险。却不知这有惊无险的背后他们付出了巨大的牺牲。这里总共 63 只大熊猫,除一只被巨石砸死,一只失踪外,其余全被抢救出来。他们喊出来的口号是,"人在,熊猫在!"六名工作人员光荣殉职,另有一人在协助群众自救时光荣牺牲,真是一群值得敬仰的"熊猫人"。

别看现在大家都当熊猫是宝贝，之前熊猫与当地人还是有点小矛盾的。中国有句老话，"靠山吃山，靠海吃海"，这里平地极少，当地农民只能在山坡上种些土豆、玉米等粗粮。当然，卧龙的巴朗山中村民还放养牦牛，但大部分食物还是要从成都平原购进。山中的很多宝贝，中药材、各种野菜便进了村民的背篓。皮条河沿岸有很多厚朴树，山中贝母遍地，这些中药材都是我们耳熟能详的。在幸福沟地段，不时有老农背着大背篓，篓中装满野菜。甚至有时尚的年轻人成双成对的，手里也掐着一把野菜。还有一个腿脚不利索的老人，一手拄拐，一步一步在山路上挪，另一手中赫然也抓着一把野菜。幸运的是，当地人挖竹笋的倒是极少，这是特意留给大熊猫的。之前，村民还跑到山里砍柴烧，竹子也不能幸免。保护区后来想了一个极妙的主意，鼓励当地人用电，一度电只收一毛钱。大熊猫栖息地就这样被保护下来了。

发源于巴朗山的皮条河从阳光灿烂的峡谷中欢快冲出，水流湍急，水势极大。此河之所以名为皮条河，是因为河两岸以往交通都是靠结实的树皮拧成条，穿搭于河两岸成一简易索桥。皮条河穿过卧龙峡谷地段时，两岸仍是高山壁立，但此处变宽成一片稍开阔的谷地，水流仍是一路欢歌。无数高山大杜鹃花在群山中、在阳光下、在一片绿意盎然中，闪耀着熠熠的光泽，连路过的车辆都纷纷停车向它们投以倾慕的目光。河畔，同样有无数大杜鹃花弯腰俯向水面同皮条河亲密交谈，向河水倾吐它们的爱恋。河水温柔地抚摸、亲吻它们美丽的面颊。河水因杜鹃花的青睐而更充满活力，杜鹃花因河水的爱恋而更美艳。在这样美到令人目眩的峡谷花园生活的大熊猫，将日子过成了一首悠闲的散文诗。它像个快乐的流浪汉，自由自在地在杜鹃花海与箭竹丛中踱步，饿了就地坐下，攀几根箭竹慢慢地嚼，慢慢地吐竹渣，俨然一个胖大爷，满脸慈祥地坐在家门口，嘴里叼着一个烟袋，满意地吸几口，然后缓缓地吐出烟圈。热了就到皮条河去游几圈,河畔有高大的杉树,它喜欢爬到杉树的顶端晒太阳,或躺在杉树的枝丫间睡大觉。杉树极高,随便一棵都是几十米。它身子胖乎乎的却能像猴子一样利索地爬上去。它睡觉的姿势也是让人醉了,将头倒架在树丫间,然后身子和四肢仿佛破麻袋一般往空中一丢,随便挂在哪儿,杉树间便多了一个黑白配的巨大鸟窝。

何老师提起大熊猫时,总是会说到"五一棚"。那是一个研究野生大熊猫的科学观测站,因从营地到水源地要走 51 级台阶而得名。一个简单的数字符号,却蕴藏着

图 52 大熊猫

野生大熊猫的诸多秘密。我们决定去探访这个神秘之地。

清晨5点左右，天仍是黑的，飘着小雨。穿过一块菜地后，我们便到了去"五一棚"的路。路是羊肠小路，密林覆盖，无羊粪和牛粪骚味。带路的当地人何二说，为避免打扰熊猫，此山没有人来放羊和放牦牛。但对面巴朗山中就放养有牦牛，那边有狼和云豹出没，他就曾目睹狼来袭击牦牛幼崽。从山脚到"五一棚"落差500米，从海拔2000米到海拔2500米，这个距离和海拔我开始根本没当回事，结果拄了登山杖，相机请何二背，仍是呼吸艰难，走几步就要歇一歇。路又陡又窄还打滑，有时甚至要四肢着地爬，真有生不如死的感觉，无数次要打退堂鼓。好不容易爬到可容两人并排过身的空旷处，头顶上似有一线亮光，疑似山顶就在不远处，问何二是否快到了。何二说快了，已走三分之一了。我脚下一软，差点滚下山，也不管路上是否潮湿，摸了块石头坐下直喘气。没听到蚊子叫，脸上头上却摸出一把一把的蚊子；脚上似乎有水流，一摸，一条条蚂蟥像豆角一串一串结在腿上。真是想不通，四十年前，那些中美科学家在这样的密林中是如何工作的。

两个小时后终抵达山顶，皮条河在山脚下跳跃，白云在山间升起，山上大树参天，箭竹钻了所有空隙。迈上51级台阶，"五一棚"即在眼前。台阶上长满湿漉漉的青苔，"五一棚"已改建成一栋砖瓦结构的房子，石坪白墙蓝瓦，看上去朴素自然，但屋里屋外透着一股极浓的潮湿之气，估计房间的被子可以拧出水。

我的眼前浮现出四十年前的一幕，几顶帐篷，几个中外最顶尖的野生动物专家就着烛光、马灯，在笔记本上记着大熊猫日记，蚊子、蚂蟥还有蛇与他们为伴，他们疲惫的脸上闪耀着神圣的光辉。现在，房前坪只有一个老人在自制蜂箱，是观测站的守门员。其他人员要么到保护站去了，那边熊猫生幼崽需要人照看；要么到野外做监测去了。和老人聊了半天，他老人家才想起何二是他亲外甥，两人距上次见面竟已数年。

绕过"五一棚"，我们继续往山那边走，山中大树间有大杜鹃小杜鹃开放，箭竹越发浓密。路边一棵大树上有一个大洞，貌似大熊猫曾拿它当过窝。在这棵有洞的树附近，我们发现了大熊猫曾活动过的有力证据。我们先是看到路左侧有咬断的箭竹，顺箭竹而下，有一小堆大熊猫粪便，一节一节疏松但还看得出箭竹原形，带着淡绿色，像甘蔗榨出的一节一节的渣。接着，在路右侧，我们又发现了更大一片被咬断的箭竹，下面一堆粪便比牛粪还大十倍，堆成了一座小山。而且颜色更新鲜，外形更紧凑，估计就是今天的。我说，我们是否坐下来等等看，说不定熊猫还会过来吃竹子。何二说，你就等着吧，等着熊猫拿你做中餐。什么？熊猫还吃人？那一脸乖乖相的蠢萌家伙！同行的左师解释说，野生大熊猫是具有动物的野性本能的，什么都吃，竹子是其主食，也不排除将人肉当点心。一个饲养了大熊猫好几年的保护站员工，将大熊猫放入大自然野化后，隔段时间在山中再遇大熊猫，却相见如仇。他亲手喂大的家伙竟然一声怒吼，举着巨掌追得他满山跑，幸得同伴们齐势帮忙吓退，方才脱险。

这样的场景，其实是最令所有研究和保护大熊猫的科研人员欣喜的。四十年来几代林业人的愿望，并非将大熊猫培养成又蠢又萌的宠物，供世人一乐，而是能将人工繁殖圈养的大熊猫放归大自然，充实和丰富大熊猫的野外种群，使其最终融入大自然，成为大自然的一分子。

巴朗山恋曲（上）——绿尾虹雉

凌晨4点，卧龙镇上还一片漆黑，酒店廊下挂着的几盏小灯笼如萤火虫之光忽明忽灭，偶有过路的大货车呼啸着将酒店招牌扫出一片霓虹，我们哆嗦着出了门。路上仍是寂静，没有任何动物横过马路。一个小时后，穿过花岩子隧道，拐入一条伴山小公路，巴朗山到了。

没有风，寒气从四面袭来。耳边是水从悬崖上一滴一滴掉落的声音，清脆如响铃；群山还在沉睡，云尚在山脚伸懒腰，天幕呈现深灰色，远方隐隐一轮山的轮廓。很快，天幕便被顽童掀开一角，一抹红光透过，又有几道远山轮廓魔术般钻出来；近处灌丛瘦枝朦胧，排列出无数道看不懂的几何图案，也许只有灌丛的热爱者才能读懂其中含义。又一丝红光透过，天幕便如缀上了一条金光闪闪的裙子，无数道山梁在裙裾下起伏，高高低低向远方延伸，几朵浮云如白绢挂在山腰，似乎是魔术师有意丢下的道具，说不定何时白绢下面就会跑出一只鸟来；重重叠叠排列的树影，如天幕撒下的哨兵，神一般站在晨曦中守护大山。

我们沿山路缓缓向前，这条路是原来的老路，隧道开通后，此路便废弃了，有巨大的落石和小碎石滚落路中。隐约能感觉路左边的峭壁黑而潮湿，几丛高山大杜鹃突兀生于岩壁上，晨光里眨着冷冷的白光。前方峭壁上几株高大的松树一片绰绰的暗影，暗影略有起伏，隐约有均匀的鼾声从暗影里传来。左师说绿尾虹雉晚上喜欢睡松树上，话音未落，松树便一阵摇晃，两个巨大的黑影从松树上腾空而起，扑腾着翅膀，一个朝东边的山谷飞去，一个飞向西边的峭壁，绿尾虹雉果然睡在松树上。

落到西边峭壁上的是一只绿尾虹雉雄鸟,它沿着山脊晃晃悠悠,走到一块大岩石处坐下。岩边灌木丛生,虹雉几乎与灌木同高。天幕尚是浅灰色,绿尾虹雉绿紫的背和红铜的脖颈发出夺目的光芒。它坐在那里,缓缓旋着脖子欣赏灌木,欣赏群山,像一个王者坐在它的领地上,看起来十分高贵。欣赏完灌木,绿尾虹雉便对着群山唱起了深情的赞美诗:"咕丽,咕丽。"像情歌,柔美而婉转,山谷里开始回荡它的歌声。天幕渐显浅蓝,山脊上快速溜过一只绿尾虹雉雌鸟,径直奔向雄鸟方向。或许不想被打扰,雄鸟起身,带着爱侣朝更高的岩壁攀去。高处的岩壁一片暗红,

图 53 绿尾虹雉

像要耸入天际。东边的几缕红光远远映射到这边岩壁，在绿尾虹雉身上折射出无数道霓光，像立在岩壁上的一尊散发圣光的佛像。卧龙因大熊猫而闻名于世，如果说，没有了熊猫，卧龙就没有了生命；那么，看看绿尾虹雉吧，可以说，没有了绿尾虹雉，卧龙就失去了灵魂，一个高贵的灵魂。

在绿尾虹雉从松树上起飞的同时，松树后的山梁上也有好几个白马鸡的大影子从上往下滑翔，滑过我们头顶时它们的翅膀扑扑作响。它们一边"咯……咯……咯"大叫着，一边散向山谷各处，山谷中到处回响着它们洪亮的歌声，整个巴朗山变成了白马鸡的练歌厅。其歌声的曲调像拉着一把陈年的盖板胡琴在扯，可惜没有梆子来伴奏。不然，就是字正腔圆的四川梆子。它们那样直着嗓门喊，更多的是带了秦腔的味道。像秦腔也是有渊源的，四川梆子就是秦腔流入四川后的变种。不知这白马鸡是否也是秦岭那边流窜过来，在巴朗山生根发芽，变成某亚种了。有一对白马鸡落到虹雉背后不远的一块大岩石上，两个白色的身影依偎着，头顶着头，唱着它们心中最动人的情歌。粗鲁高昂的声音足足叫了半小时还不歇，还有愈唱愈来劲的趋势，丝毫不顾忌虹雉的感受，虹雉也正在倾诉爱情。白马鸡爆炸式的热情足以唤醒巴朗山，唤醒整个邛崃山脉所有生物。

山坡上慢慢有了移动的黑影，牦牛被白马鸡的歌声喊醒，慢悠悠地啃起了早餐。天幕终于大开，东方一片火红，太阳将万道金光投入巴朗山。一队白马鸡，整整 11 只，在一道山梁上站成了两排白色的风景线。它们穿着整齐的白色礼服，如教堂唱诗班的学员，对着那片火红唱起了最热烈的赞美诗。

峭壁上的水珠此时成串地往下落，甚而形成条条小溪从壁上流过。那丛发着白光的大杜鹃现在有点像少女的脸了，太阳一出来，洁白的脸上透着一坨红晕。紫色的报春花一簇簇紧抱岩壁，花瓣上一粒粒的水珠儿直打滚，那是昨夜的相思泪。任何见过报春花的人都会念念不忘那滴相思泪，如此娇羞的脸蛋，圣洁的眼泪，怜惜都来不及，哪会忍心去采摘呢。原以为岩壁只是黑乎乎的，现在看来，岩壁是一页一页彩色的门。基岩有土黄色、白色、青色，甚至还有赭红，报春花的紫和苔藓的绿几乎填满了石壁间所有湿润的空隙。而在石壁间干燥的小洞小眼，烟腹毛脚燕便筑成了它们的巢。毛脚燕名义上毛脚，做事绝不"毛手毛脚"。这块峭壁上有好几十个它们的巢，各有特色，均异常精致。有取了苔藓和草根筑成一个长圆桶的，也许是峭壁偶有飘过的雨雾滋润的缘故，圆桶上的苔藓黄黄绿绿生机盎然，桶内的小生命与苔藓一同成长。这样美丽的小屋，连报春花和一些蕨类植物也羡慕不已，它们会攀着屋的侧门或门口来观望。当阳光折过岩壁洒到这片小屋的上空时，那些流过岩壁的小溪溅出的飞沫便折射出无数道七彩光环，屋内的小家伙们一出世便被这样绚丽夺目的光环笼罩，该是多么幸福而浪漫的事！还有的光取了泥筑成碗状巢，不仔细看那些小岩洞边突出的微型浮雕，你会以为就是普通的岩洞。那些浮雕设计很像现代建筑里的西式壁炉。壁炉在现代是纯装饰性的、豪华典雅的代表。这样看来，不经意间，巴朗山的毛脚燕为后代建造的"泥居房"，才是真正的"宜居房"。不但风雨无忧，还可坐看庭前花开花落，笑望天边云卷云舒。抬头仰望它们的"豪宅"，可以看到宅门上探出的圆脑袋，一双萌萌的大眼睛里写满友善、睿智和幸福。

  太阳升上山顶后，天空便一片瓦蓝，如玻璃般透明。蓝色的天空下，巴朗山也是蓝色的，只不过比天的蓝更浓更饱和，中间夹着的山顶有皑皑白雪。在天地的蓝色包围中，这里的空气仿佛都是蓝色的，山顶的白雪仿佛就在身边，抬脚，跨上一缕云，便可直达雪山之巅。巴朗山的云据说很厚，比山还厚，但我看到的云是一条

图 54　烟腹毛脚燕

白色的长龙，就像火车吐出的烟雾，车头拉着烟雾在山梁间绕圈，白马鸡的歌声在山梁间回荡，那是火车拉响的鸣笛。

阳光给灌木披上了闪闪的波光。一些"小歌唱家""小登山家"纷纷穿上盛装跃上枝头。有着红装的普通朱雀、红眉松雀、白眉朱雀、白喉红尾鸲，还有着黄装的黄颈拟蜡嘴雀，着绿装的各种柳莺……它们的嘴巴不时哼几支小曲，或唧唧喳喳地讲着昨夜的美梦；或翻几个筋斗，或抖着羽毛抛几个媚眼撒几声娇，或扯几枝嫩叶摘几个花苞，也有站枝头光吃喝着的，还有光站着一言不发尽发呆的。灌木精心排出的几何图案，就这样被它们轻松破解。

路右侧立着几块巨石，看得出，原来的老路是将巨石从中劈开修的。巨石上密布苔藓，缓缓的斜坡降到谷底。谷底碎石、灌木、浅草相间。在这里，我们又看到了几只虹雉。一只雌虹雉带着三只幼崽在其间觅食，一只雄绿尾虹雉在不远处觅食。雌虹雉喊了三个孩子齐聚跟前，一个一个教它们觅食。

太阳愈升愈高，白马鸡的歌声远去，小鸟们也在灌木丛下歇息。峭壁顶上一个又一个巨大的身影在升腾、盘旋。有些还威风凛凛地扫过我们头顶，扯出光秃秃的头好奇地俯视我们。我们也好奇地仰望它们，那些大家伙一个个翅膀上羽毛稀稀拉拉，像丐帮子弟般衣衫褴褛。不管是何种情形，是正在换羽，还是被岩石、灌木、山风、捕猎洗礼，我都对这些高山上不知疲倦的飞行家、不怕肮脏的清洁工表示深深的敬意。虽然它们外貌很一般，甚至丑陋。它们是秃鹫、高山兀鹫、胡兀鹫。

我们在花岩子隧道旁的这条老路上流连，这条路虽然只有500多米长，却让人收获了无数惊喜。不停地有车从对面山坡爬上来，到老路入口便转入隧道呼啸而去。应该感谢隧道，是它接纳了那些车辆，让本应作为交道要道的峭壁公路畔的每一块岩石，每一朵花卉，每一丛灌木，每一朵白云，每一种动物无不都在快乐生活，伴着阳光雨露，在巴朗山的博大怀抱中，自由生长。

巴朗山恋曲（下）——蓝大翅鸲

从老路返回主路，我们决定去翻一翻巴朗山垭口。巴朗山隧道修通以前，到四姑娘山必经此垭口。连续几个大拐弯后,我们到了一处观景台,从这里可以远眺四姑娘山。可能今天四姑娘闹着一点情绪,老是用面纱半遮着脸。眼看鼻子嘴巴都露出来了,面纱一扯,又蒙上了。就是面纱遮着,还若隐若现的可见芳容,雪白、秀美而冷峻,其直插云霄的傲气直引得天下英雄竞折腰。

观景台上有当地藏族和羌族人在卖土特产。妇女们一律戴着花帽围着白面纱,只露出两个乌黑的眼珠。特产几乎全为干货,有羊肚菌、牛肝菌、松茸,还有一堆如枯草与晒干的牛粪结合体的团状物,说是雪莲。真想不到,雪莲在高山上是何等的冰清玉洁,晒干后竟变成如牛粪般的样子,真是"造化弄物"。在一堆干货中,有一藏族小伙儿卖酸奶。小伙儿说那是牦牛奶做的,没有脂肪,更营养。环顾四周高山,山坡上尽皆白的、黑的、黑白相间的牦牛,猜这酸奶的原料应该不假,于是买了两升左右的一小桶,小伙儿嘱咐我们两天内喝完。

在四姑娘镇吃了午餐,我们一行四人又各干了一碗酸奶,便开始翻越垭口。

去往垭口的老路极少有车。蓝天上大团大团的白云在游走,山顶是连绵的洁白,有六只雪鸽在云与山顶间穿梭。山坡上牦牛在啃草,刚出生不久的小牛犊藏在妈妈肚皮下喝奶;还有更悠闲的,懒懒地卧在道路中间聊天,仿佛路是为它们而修的,车来也不起身,司机不得不下车去毕恭毕敬地请它们让路。它们在山坡各处,甚至接近雪线的地方都留下了足迹。每一处沙砾,每一丛灌木,每一束野草都有它们走过的印痕,那一堆堆的牛粪便是证明。让人既遗憾又欣慰的是,每一堆牛粪旁边,无一例外都插着一朵鲜花。而且每一朵鲜花都因牛粪的营养而格外鲜艳夺目。全缘叶绿绒蒿柔绿的叶、黄灿灿的花瓣没一丝杂色,薄如绢丝,像大家闺秀似的微微颔着头,一脸娇羞地望着大地,有野蜂在它的花心徜徉。紫色的报春花和岩壁上单薄的小报春花不同，这里的报春花是一根主茎上去，分出的几十朵小花再紧抱成一小团，而每一丛报春花又是由无数个小团体组成。因此，看上去更雍容华贵，色彩更浓郁。5月末，江南的花早已凋谢，这里正春意盎然。再过一阵，六七月份才是花开的旺季，满山的贝母已打了花苞，还有其他品种的绿绒蒿和报春花到时也会相继开放，整个山坡会变成花的海洋。

野蜂还在花丛中流连，头顶忽然爬上一朵乌云。很快，冰雹和雪粒便劈头砸下，接着一阵大风横扫过来，中间夹杂着牛粪粒、雪粒、花瓣、鸟的哀鸣，以及野蜂的翅膀。可怜的野蜂，冒死飞上这海拔4000米的高山，还没尝到高山美人的味，就命丧风暴之口。

哀鸣的小鸟是粉红胸鹨，躲在岩石缝隙中发抖。而有两种鸟，雪鸽和红嘴山鸦，一白一黑，却在风雪中惺惺相惜，成了患难之交。风雪对雪鸽来说就是一场幸福的毛毛雨，它们一刻也不曾停止在风雪中穿梭，享受风雪的拥抱、抚摸，俨然孩子享受母爱。风暴来之前，一对红嘴山鸦一边晒太阳，一边悠闲地在牛粪堆里挑食，一边唱着山歌。风暴一来，山坡上陡然间冒出了它们无数好兄弟。兄弟们集聚一团，一次次从山坡上起飞，又一次次冲到风雪中，既无队形，又无阵法，更无口号，像一盘散沙，被人随手一扔，丢到空中。然而，借着风势它们竟然冲至海拔5000多米的雪山之巅，然后像鹰一般盘旋，向群山发出胜利者的欢呼。也许，对付自然的手段就是毫无手段、顺势而为、顺势而飞。雪鸽和红嘴山鸦可以称得上此中高手。

越往垭口走风越大，冰雹和雪粒变成了片片雪花，漫山狂舞。旱獭朝着山上狂奔，圆滚滚的像个充满了气的皮球。它看起来虽然胖，但跑起来绝不笨手笨脚。它像狗一样昂着头，又像马一样四蹄甩开。小眼睛滑稽地挤在鼻梁一处，这样它便可以集中前方某点而不会迷失方向。它可以像马一样奔跑，但又不会在花花草草、怪石嶙峋中摔跟头，因为它的腿短得不会超过任何一朵花，结实性和粗壮度又可赛过相扑运动员。就算摔跤，也是岩石被它踩得摔下山坡，岩石还会弹起它厚实的屁股，一波波地推着它往前滚。它很快便钻入一堆乱石不见了踪影，乱石中连门都没有，不知它那肥硕的身躯是如何挤进去的。

翻过垭口，山那边也是雪花飞舞。山坡上绿绒蒿和报春花顶着白雪开放，一朵朵晶莹剔透，在洁白的雪花映衬下，脸上闪耀着圣女般的光芒，毫无颓败之象。就是傲雪的红梅、倾城的牡丹都无法和这些披着雪花的高山花卉相比。它们是披着战袍的女神，是高山的天使，是牦牛的知己，足以让众生膜拜。领岩鹨和鸲岩鹨在岩石上站成岗哨一般一动不动，它们是自愿当高山美人的守护神吗？

大雪迅速将山坡涂成一片银白，除了那些高山美人美丽的脸庞还在雪面上发光外，山坡上似乎再没有其他活动的生命。然而大雪中还有高山岭雀欢唱的歌声。它们实在是太平凡了，风雪裹着它们飞舞，就像裹着土坷垃一般。它们又实在是太不平凡了，和麻雀一般灰头土脸的小个子在风雪中蹦跳起来就像落入凡间的小王子在跳踢踏舞。你不得不佩服它们，那真是一群勇敢的"高山小麻雀"。

好像除了高山美人，敢于搏击风雪的都是一群其貌不扬的家伙，蓝大翅鸲的出现，就像一道蓝色的闪电，打破了这一局面。

它是跟着高山岭雀一起出现的，就像天上掉下的一块蓝色翡翠，踏着风雪的音乐节拍，翩翩而至。雪花狂舞，尽情地抽打岩石、灌木、草丛，但到它身上时，却是轻飘飘地，温柔地亲吻它，再悄悄地从它美丽的蓝丝绒衣上滑落。整个山坡就像在举行一场盛大的舞会，高山美人花枝招展，小王子们卖力地跳着踢踏舞，雪花飘

图 55　蓝大翅鸲

飘营造了一种圣洁而浪漫的舞台氛围。它就是舞台中心、舞会的皇后,浑身上下散发出一种极度魅惑的气质。它就像蓝色妖姬,对着巴朗山,对着冰雪世界,扬起了高傲美艳的头颅。

我们沿路下山,太阳忽然从前方山谷跳出。回望垭口,雪停风止,旱獭的身影在山脊上又一起一伏。那些勇敢的高山精灵,将会在巴朗山继续谱写新的生命乐章。

牟尼沟琐事

清晨从卧龙出发,沿汶川、茂县一路往北,近黄昏时我们到达松潘县的牟尼沟。夜宿牟尼沟上寨村一个叫"林玛客栈"的藏民家。

上寨村海拔 3100 米,规模并不小,山脚下、沿河一带分布着好几十栋石墙灰瓦或红瓦的两三层小楼。石墙是黑、白、灰三色,显得古朴而庄重,上面刷着清漆,在蓝天白云下闪闪发光。林玛家有两栋房子,河的南北两岸各一栋,相距不足 20 米,中间有廊桥相连。北岸为客房,南岸自住为餐厅。所有建筑物旁五颜六色的经幡高高飘扬,印着我们看不懂的经文和图案。风吹经幡就翻卷一遍,就等于念一遍经。我在那儿随便站了一会儿,风就已念了十来次经。风在念经,红嘴山鸦就站在经幡顶端高声歌唱,整个村落都可以听到它们那粗哑的声音。有两个藏族汉子卧在经幡下的草坪上,掐几朵花,一边任经幡念经,一边听山鸦唱歌,一边聊着家常。山鸦唱完歌,便在村落上空盘旋,然后冲到人家屋檐下,在那儿捣鼓半天都不出来,我高度怀疑它们在屋檐下做窝。藏民房子外墙砌的岩石,实在是做窝的上好去处。但我也觉得它们实在是胆大妄为,山鸦与乌鸦无异,都是爱吵爱闹、口味独特的家伙,只是嘴红一点而已,在内地人的眼中都是不祥之物。看到不轰走就算顶友好的了,什么时候轮到它们来当邻居呢?但山鸦还真像把家安在了人家屋檐下,它们从屋檐下钻出来后,又站到屋角上,就当那房子是自己的家了。而我们只是一群看客,山鸦瞧都不瞧我们一眼。

进屋,石屋内全是原木构造,木质的地板、楼梯、隔墙、窗户,只有卫生间不是木制的。被褥雪白整洁，屋内散发着一股浓郁的松脂芳香，让人有如住在原始松树林中。房子外围有两道篱笆，篱笆边码着足足一人高的木头。村中的房屋无一例外家家院门口有道长篱笆，每道篱笆旁均码着木头的长城。到林玛家厨房一看，他老婆正往一个超大的白铁皮灶台添木料，原来他们都用木头当燃料。林玛皮肤黑，高大威猛，老婆倒是秀气，肤白，略带一点高原红。夫妻俩未讲话先一脸笑，汉语流利标准，老婆的普通话比我还标准。原来两口子曾在某四星酒店干过 10 年。见我老盯着木头看，林玛老婆聪明，立马向我解释，这些都是去山中采蘑菇时碰到枯木便捡回来的。

　　篱笆有石块泥巴筑的，上面长着碧绿的苔藓和很多漂亮的小黄花；也有纯粹藤条和小木棍扎成人字形的，小灌木的绿枝就从人字形中绕过来拐过去，变成了一道天然树篱笆。我们一到小院，两只漂亮的普通朱雀就跳上树篱笆热烈地欢唱。受到小美鸟如此隆重的接待，真是受宠若惊。这边还在唱着迎宾曲，那边泥篱笆上又响起了欢乐颂的曲子。一只大个子鸟在小黄花与木头之间一边扯着喉咙高歌，一边不停地上下蹦跳。其橙色的外套密布白色小碎花，肚皮黄黄的，远看像一只藏民养的土鸡，近看三分像鸡——野鸡，这只大鸟便是大噪鹛。泥篱笆后面是一块面积不小的菜园，直通到山脚的灌木丛，可以看到雪鸽在那边山顶穿梭。菜地全翻新了，看样子要栽种新的作物。大噪鹛唱着唱着便跳到菜地里没了声息。过去一看，好家伙，菜地里一群好大的噪鹛，总共有九只，全都埋头在泥土里挖坑。它们的嘴实在厉害，都当得一把好弯锄头，一锄头下去就是一个坑，菜地里密密麻麻全是它们挖的坑。它们真是一群免费的农活帮手，能将土里的虫子挖地三尺刨出来，藏民只需将作物种子丢到坑里就行了。泥篱笆的一侧是另一户藏民，中间有道栅门相连，有一只黑色的大狗卧在大门口打瞌睡，毛发蓬松，不怒而威，应是藏獒。一个老太太正在那边院里忙活，忙完顺手把手中的农具往篱笆上一靠，大噪鹛立刻跳上去，将它当成脚下的玩具。很快，这群家伙就和户主养的家鸡吵架了。藏獒看到这一幕竟然也不干涉，将头往另边一摆，继续打瞌睡，对这样的争吵好像已习以为常了。老太太被吵得头昏脑涨，收了农具进屋。

林玛老婆说到采蘑菇的事我十分相信，林玛家就有一盆他们自采的野蘑菇。我们刚到林玛家时廊桥那里就来了一个黑衣藏民站在桥端，旁边一辆自行车，车上挂着一个大背篓。在桥上出出进进几次，眼看天将黑，黑衣人还站在那里卷着衣角抽闷烟，旁边一个藏族妇女在那背篓里翻。我好奇地望一眼那背篓，灰灰的蘑菇，表面凹凸如岩石，顶上像撑着一把圆桶形的小伞。问这是什么，说是羊肚菌，80元一斤。羊肚菌的大名我听过无数次，好像与松茸齐名，干货都从未见过，更不要说鲜货。有鲜货也到不了内地，据说这东西相当难保存，一两天即烂。本想讨价还价，想想湖南的雁窝菌好的也要五六十，这么稀罕的山货，人家采了大半天，也就一斤左右，遂照价全买了，几个人晚上便吃了两种蘑菇。味道分不出到底哪种好，只是觉得都鲜香无比。第二日黄昏，拍了鸟回来，黑衣人又摆了羊肚菌卖，比昨日竟多了两倍，旁边站着他老母及儿子，全都跑山里去捡菌子了。来看羊肚菌的人也翻了几番，都啧啧称赞，但没看到有人买。希望风能将廊桥上的经幡再多吹几遍，祈祷天黑前有到牟尼沟游玩回来的旅客能看中这些山货。

廊桥上挂的经幡远没有房子旁的讲究，房子旁边的经幡是立着的，颜色鲜艳，在风中噼啪作响，就像千军万马奔腾，那才算是真正的"风马旗"。廊桥上的也在风中啪啪作响，倒更像绳上挂着的衣服。当然，它念的经要比其他地方多，不但山风念，河风也念。这座桥真是一个风雨无忧、宽敞明亮的天然茶室。可以坐在桥边聊天，打牌，做针线活，做作业，卖蘑菇，连白顶溪鸲也将它当成歇脚的驿站。

白顶溪鸲立于水边岩石上一动不动，头上戴着一顶小白帽，黑外套，红裤子，看去就是一个安静的美男子。河中水面干净，貌似什么也没有。它极专注地欣赏着河水，对于人们对它的欣赏并不在意。你可以稍靠近它，只要不盯着它的大眼睛看即可。它呆呆地站在那儿，像要打瞌睡的样子，结果冷不丁地朝水面掠去，很快又

图 56　白顶溪鸲

回到原地，尾巴不停地张开合拢，像在表演扇子舞。而它的嘴里多了一个长着翅膀的可怜家伙，有时还不止一个，有无数对翅膀和无数对长脚挤挤密密，从它嘴边像花瓣朝空中开放。再仔细点看，还可看到翅膀在哭泣，长脚在颤抖。

  它叼着战利品到处炫耀，河边的每块岩石、每朵黄花、每道篱笆全知道了它的战利品有多么丰富。然后它得意地飞到廊桥上，在廊柱上停留片刻，看着桥上的人聊天。当你无不膜拜地仰视它时，它便害羞地藏到廊柱后，再偷偷地伸出头来打量你。你并没有看到它吞食那些翅膀，忽然间它又满嘴空空地站到岩石上发呆了。再次看到它，它又满嘴翅膀地在石房子前蹦跶，有时还会蹦到人家大门前、窗台上，最后钻到"林玛客栈"屋顶与石墙间的缝隙，忙了好一阵后才出来，嘴中的翅膀已然不见，估计这里是它的巢。想想这么漂亮的小家伙，就像团吉祥的红云似的与自家为邻，真是一件幸运的事，难怪林玛全家人脸上整天都洋溢着幸福的笑容。

  林玛家的食物异常丰盛。我最爱的是一大碗现冲的营养米糊，有青稞粉、芝麻碎粒、花生碎粒、白糖，还有很多认不出成分的碎粒，至少十来样。中晚餐在一个装修考究的大房子里吃，一整条的长方形大原木桌。桌前柜子装修得金碧辉煌，摆着很多铜壶铜盆，还有野羊头、牦牛角及一副野猪头骨，林玛说这些头骨都是山里捡的。主菜是蘑菇、猪肉及牦牛肉。牦牛肉真是一道人间美味——这是高寒山区草木蕴积的最极品的、最香醇的味道，融合了松潘牟尼沟所有植物的芬芳、柔美、韧性，弹性十足，嚼得我的脸整个儿都大了一号。再看同伴的脸，一个个都仿佛罩上了哈哈镜。当晚，我还喝了整整一壶酥油茶，一升左右，结果兴奋得整个晚上几乎没睡。但是，凌晨4点多起床爬山，我倒一样精神饱满，毫无不适。林玛没有说半句假话，酥油茶真是治高反的好东西。

情迷二道海

牟民沟风景区由两部分组成，一部分是扎嘎瀑布，一部分是二道海，我们去的是二道海。

凌晨 5 点左右我们便到了二道海景区门口，天空显现一片灰白，树林全是黑乎乎的影子，已有小鸟开始歌唱。空气按道理是清新的，却有股淡淡的烟味，像某种树叶或纸张燃烧的气味。到头道海时，我们看到一座小宝塔上有一小缕烟雾在升腾。林玛的大哥说这宝塔是他们村里昨天集体烧的，会燃三天三夜，保一方平安，保财源滚滚。我默默地向宝塔双手合十鞠了个躬，希望它也能保我们鸟运亨通。

过了宝塔，山上便传来马鸡的歌声。大哥说这里的马鸡是蓝色的，搞不准是蓝马鸡。马鸡清晨会到海子边来喝水，但我们一直没看到，也拿不准到底是白马的某亚种还是蓝马，不过，马鸡肯定是对的。身后"嗒嗒嗒"，黑暗中有某种貌似夜鹭体形的鸟从山中飞往海子中的灌木丛后便再无声息，左师说这就是斑尾榛鸡。一个极少露面的大明星，你看到了它在空中飞翔的英姿，欣喜之余只能发一声叹息。这里已开发为旅游之地，它在此地出现的概率只怕是百年一遇。再往上走，有很多黑牦牛在山坡上吃草。这些牦牛是上寨村的集体财产，平时也无须看管，每月定点给它们喂点盐巴吃即可。在牦牛吃草的山坡上，一片突出的岩石上出现了一只高山兀鹫灰白的背影，它站在岩石上左顾右盼，不大工夫，灌木丛中又闪现出一个灰白影子，另一只高山兀鹫钻出来了，一步一步朝那只兀鹫靠拢，一边走还一边不停地拍着翅膀。两只兀鹫面对面坐着，扭着脖子两眼睥睨群山，好一对"座山鹫"。

天渐渐大亮，太阳在半山腰升起，林中热闹起来了，柳莺不停地在头顶的树枝上向我们打招呼，近到几乎可以和它们手握手。无数个小海子在阳光下闪耀，草甸就像一枚枚璀璨的珠宝镶嵌其中。厚厚的苔藓就像高山地毯，将一块块草甸紧紧包裹。紧靠苔藓的是一层密密的紫色花卉，如同地毯编织的花边。花卉后是高高低低、疏密有致的灌木丛和小树丛。总的看来，这些草甸就像精致的巨大盆景，造物主将它们错落有致地排列在牟尼沟。那些精心修剪的盆景做作的成分太多，太假，而这些野生的盆景未经任何整形、修剪或是有受抑制的痕迹，是纯天然的美女。它们形状万千，以成熟迷人的姿态站立在绿草如茵的水平面上，吸引着各种炽热的生命在上面流连。湖水无色透明，在水面之下又打造了一个个精致的水中盆景。这些盆景比之陆地上的，更多了魔幻的味道。因为水中长满了水生植物，这些水草水花被钙化包覆，如同象牙雕刻的精湛工艺品铺满湖底；又或者是牦牛、野羊、水鹿等各种动物到水边喝水时，湖水将它们的犄角永远地映照下来了。

河乌在水中央跳着芭蕾，人的影子一出现，它便连续甩出几十个大跳，留下一长串雪白的水花。黑头鸫与白斑翅拟蜡嘴雀在树顶上各自反复唱着一曲咏叹调，都想压着对方的声音，谁又都压不住对方。在那些灌木丛上，还有很多安静地对着水面发呆的男版阿狄丽娜，比如蓝眉林鸲、白喉红尾鸲、锈胸蓝姬鹟等，它们那些毫不起眼的伴侣就在草甸上不停地跳来跳去翻找虫子。四川旋木雀以其钢管舞女郎的技巧，在每一枝灌木、每一棵倒下的树枝上，旋出无数的花样，左旋、右旋、上旋、下旋、倒着旋、翘着屁股旋、侧着耳朵旋，连旋720度还不停，让人看得眼花缭乱。而它花样百出的表演无非是要填饱肚皮。它只要嘴里叼到一条虫子，便会向树枝点头致谢。树是它的衣食来源，并非表演的道具。

那些远离湖水浸泡的草甸，柔美的草温暖而厚实，枯死的大树横列其中，这是大自然特意为鼠兔建造的营地。鼠兔在大树上练习跳高，在草地上练习跳远。只要是抱着青草啃，无论是在绿油油的草皮上、枝条横生的灌木丛下，还是在倒下的大树畔，它都会对你的注目视而不见，只会专心致志地做一件事，那就是嘴巴不停地张合，像个掉光了牙的老太太在咀嚼。啃完了草，它才有空抬起鼻子，黑色小嘴上方某个逗号似的小突起像狗一样皱几皱，似乎空气中的一切危险分子它都能过滤。如果觉得安全，它的鼻子会缩回去，那对圆圆的像小花瓣似的耳朵就会同时接到指令，妥妥地放回它该待的地方。如果觉得可疑，它的小耳朵会慢慢耸起，直到坚硬如盾牌，接着在你眼皮底下身形一矮，钻入草甸下面。草甸下有无数条它们开凿的秘密地道，那里有它们温暖而安全的家。它们是杰出的地下工程兵，将草地下的水，从一条水道有条不紊地引向另一条水道，既方便自己行动，也间接灌溉了草甸，二道海应该颁一个"劳动积极分子"的奖章给它。

太阳升到山顶，我们坐在一个亭子里休息，一边啃烙饼，一边喝点酥油茶。我们身后是一块"恋松岩"，或者叫"恋岩松"也行。一棵巨大的松树将一整块岩壁从上到下穿透，其一半的腰身紧紧卡在岩壁缝隙间，看似岩石孕育的孩子。有块凸出的岩石上一整片黑乎乎的，有烟熏过的痕迹。地上还砌着一个简易灶，横七竖八地摆着五个大水壶。一会儿跑来五六个阿姨，兴高采烈地在这里搞起了野炊。原来是景区里搞卫生的阿姨。

阿姨们吃了东西又分散到了景区各处，我们坐在亭子里继续休息。令人百感交集的是，在此，我们又见到了斑尾榛鸡，还真是稀奇。榛鸡从恋松岩上跳下，在简易灶那里扒拉了一会儿，便缓缓踱上了栈道。在栈道上溜达了一会儿，便闪入了中间的灌木丛，继续在灌木底下扒拉。虽然它大名鼎鼎，但穿着和行动却异常低调。朴素的栗色外套上点缀着黑白相间的斑点，除了眼圈是红色的外，与家鸡的样子相去不远。一会儿，灌木丛中又悄然闪现另一只榛鸡的身影。两只榛鸡好像是一条战壕里的老友，肩并肩在灌丛下继续战斗。

栈道上游客开始多起来，榛鸡慢慢往灌丛深处隐退。有个游客发现了它们，好奇地大喊了一声："嘿，快看，那是什么鸡？"榛鸡立刻头冠竖起，慌慌张张围着灌丛转起了圈。绕了三圈后，脖子拉长，使劲跑，然后一只飞往东边的山坡，一只飞往西边的山坡。飞往东边的看到那边栈道上有人，又往回飞了半圈，也不敢着地，贴着灌丛上部又继续往东飞。它飞翔的水平比之在地上跑差十万八千里，慌头慌脑中差点撞上栈道上一个玩手机的美女。美女一声惊呼，手机掉地上，双手捂着胸口拼命大叫："啊，吓死宝宝了，吓死宝宝了。"客观地说，我觉得被吓死的应该是那只榛鸡。榛鸡扑入山坡后便再不见踪影，只在栈道上留下一片花白的羽毛。美女捡了羽毛，赶紧拍照发朋友圈，脸上又自豪又得意。

天上不知什么时候出现了高山兀鹫大部队。相比它们坐着时的秃头形象，在山上盘旋的姿态就优美多了。秃头也不见了，只见白白的肚皮和黑白分明的翅膀，翅膀像张开的帆，在蓝天下迎风翱翔。大哥说，兀鹫这么多只集中在一起，估计山上死了头牦牛。

天近黄昏，我们准备打道回府，不经意间瞥到厕所旁的栈道上好像竖着一块小岩石。心想，不是山体滑坡掉下来的吧，便多瞧了一眼，咦，不对？这石头多漂亮啊。再定睛一看，红嘴红眼睛红屁股红脚，黑头灰背白条纹，是只血雉雄鸟。它一

图 57 斑尾榛鸡

会儿抬头看看天,一会儿低头瞧瞧栈道,一会儿扭头瞅瞅山坡,然后思索了一会儿,便跳入了灌丛。我朝灌丛那边扫去,天哪!那里有整整七只灰白的影子,一只大鸡带六只小鸡。它们散落在草地上、灌丛边,还有倒下来的大树畔。它们低头仔仔细细地寻觅,像一个大人带着六个小孩采蘑菇。

那是血雉的老婆和孩子们。

魔界龙苍沟

龙苍沟是雅安荥经县的一条小山沟，以洁白的鸽子花而闻名。

我们落脚在一座农家乐式小庄园。建筑基本以木头青瓦为主，窗花雕刻细腻而精致，楼上楼下大红灯笼高高挂，有金腰燕穿梭，正在二楼檐下筑巢。青砖铺的地坪，坪里摆着几盆小巧的盆景，几口巨大的石制六角水缸。水缸均水满，内壁挂着浅而绿的苔藓，外壁有斑驳的黑白印痕。上层雕着花卉，中层雕着一些古人生活的场景。屋外小路上各色野花盛开，有三三两两的蜂箱散落其间。在某栋红砖瓦屋的墙上，我看到一根杉木串在墙上，杉木上用绳索横吊着两个柱形圆桶，一大一小。圆桶密封，只在正中央开着一个极细的口子，连食指塞进去都有困难。我想了半天也想不出是干啥用的，直到看到有蜜蜂进出，估计是蜂箱，或者称"蜂桶"更合适。

屋内墙上挂着很多鸟片，和鸟网上那些有着干净背景的片子不同，每只鸟身后的风景都是花花绿绿，复杂多样。总之，就是每只鸟的出身和背景均不一样。而这样的鸟在别处也极难见到，每个名字听来都如雷贯耳：暗色鸦雀、灰胸薮鹛、红腹角雉、白腹锦鸡、金额雀鹛等等。每个到山庄来吃饭的人，都要先围着鸟片转一圈，啧啧称赞一轮再举筷。而在这些称赞的人群中，不乏老外。我们在山庄的三天，每天都能见到一群一群的老外，不停地对着照片念叨"beautiful"。看看那花白的头发，至少都在70岁以上。有一个老头拄着一根拐杖，在一个穿迷彩服的川妹子搀扶下，一边喘气一边脚抖手抖地往前挪着，宽阔的背让我见识到什么才是虎背熊腰。在开饭以前，老外都乖乖坐着，人手捧着一本鸟书，再握着一支笔，川妹子站在桌前给他们交代着一些东西。他们仔细地记录着,就连小学生都没有他们一半认真。我很纳闷,他们到底是怎么到这样一个山沟沟里来的。绝大多数国人都只知道有个雅安,还是因那场大地震。龙苍沟只是雅安的一条沟而已,凭什么闻名海外?

清晨5点,我们冒雨沿着一条极烂的山路往龙苍沟山顶爬去,半路又遇到一群老外,集聚在一个小山坡,个个高举望远镜瞄着不远处一棵树梢,树梢上有几团细小的黑影在跳动。大概只有上帝才知道他们是什么时候起床的。

山顶笼罩在一片烟雨中,到处可闻水的潺潺声,脚底下似乎还有溪水在咆哮,却见不到它们的踪影。一眼望不到头的绿中,有鸽子花洁白的身影,甚至还有几丛发红的枫叶。更吸人眼球的是很多高高矗立的已枯死的大树,只留着光秃秃的枝丫举向空中,扭曲成一个个巨人、妖怪、魔头,给森林营造了一种魔界氛围。树枝上堆着一层薄的土壤,碧绿的苔藓将土壤紧裹着,牢牢贴着树干。土壤层中的一些小洞成了昆虫们的快乐老家。还有无数植物借着风的力量,或者搭鸟嘴的便车,攀上了光枝,在这层薄土上展现了强大的生命力。我粗略看了下,有好几种杜鹃、绣线菊、蕨类,还有很多不认识的寄生植物,它们要么开着艳丽的花朵,要么叶子的颜色艳丽,与厚实的苔藓一道将枯树一棵棵打扮得时尚而富有朝气,比圣诞树更招人喜爱。白背啄木鸟会时不时地来给枯枝敲敲背,铜蓝鹟和白领凤鹛则站在树枝的最高处,环望群山唱山歌。

沿着山顶左侧的一条小路往前走,在一个拐角处,我们见到了红腹角雉。进入川西以来,这是我们见到的第五种雉类了。对红腹角雉,在卧龙"五一棚"有过惊鸿一瞥,感觉它既没有绿尾虹雉的华丽、白马鸡的淡雅,也没有斑尾榛鸡的朴素,更没有血雉的高贵,像一个穿着俗气的村妇。 但是它站在雨中思索的模样真是美

图 58 铜蓝鹟

极了。雨水将它全身的羽毛淋得干干净净，全身红彤彤的，缀着一层一层整齐的鱼鳞片。它走路时，脚步欢快而轻巧，更像一个要回家省亲的新娘子。路的另一边就是密密的灌丛了，它开心地"哇哇"大叫，就像孩子撒娇的哭声，难怪当地人叫它"娃娃鸡"。

　　过了拐角再拐两个弯，是一个大的台地，再往下就没有路了。远处有只红嘴鸦雀站在一棵松树枝上，"哦嗬哦嗬"地吹着口哨，一副逍遥自在的表情。我见过的鸦雀中，棕头鸦雀是极文雅的，细声细气，个子小巧玲珑，一个个似乖巧的小学生。

想不到这红嘴鸦雀个子大得赛过乌鸦,中气也十分充足。我们学着它吹口哨,它吹两声我们吹一声,结果,它越吹越勇,我们吹一声它就吹三声。后来,我们都吹得口干舌燥,差不多都要气绝倒地,而它却愈吹愈高,从树底吹到了树顶,声音也愈发地清脆洪亮。

红嘴鸦雀得意的口哨将一条菜花原矛头蝮蛇吵醒了,蝮蛇本来藏在灌丛中是轻易不现身的。我猜它出来的理由有二:一来太阳出来了,它得晒一晒;二来,它的肚子估计有点饿了。蝮蛇懒懒地从灌丛中探出头来,将长长的信子伸向空中,像姜

图 59 菜花原矛头蝮蛇

太公甩出的钓鱼线，只不过它布的是"钓鸟线"。它将信子甩得"嘶嘶"地响，向那只红嘴鸦雀施着魔法。无奈，红嘴鸦雀的道法更高一层，"嘿，小蛇儿，来抓我呀！"鸦雀留下一串长长的口哨，大笑着跑了。

蝮蛇并不着急，不远处又有一只褐头雀鹛站在枝头高歌了。它依然将信子不紧不慢地伸向空中，"钓鸟线"又开始施魔法了。雀鹛本来唱歌唱得好好的，突然看到了那条"钓鸟线"。在它眼里，那根线化作了一道彩虹，踏着彩虹，它必将登向天堂。慢慢地，雀鹛就着了道儿，歌声停了，眼神越来越迷离。它跳下枝头，发出一种含糊的、微弱的啁啾。它跳跃着、微笑着奔向自由的"彩虹"，我看到了蝮蛇的狞笑。

我不得不出手干预了。我抄了一根树棍挑起了那条"彩虹"，留下那只雀鹛还在晕头晕脑地做着彩虹梦。直到一小时后，它才从梦境中醒来，站上枝头继续甜蜜地歌唱。我不希望它记得我救了它，但蝮蛇对它的迷惑，它好像也压根不记得了。

蝮蛇钻入另一片灌丛，又在故伎重演。这一次，再没有一只鸟着它的道了，因为我一直紧盯着它的动向咧。可是我对鸟儿的保护促生了另一个物种的悲惨命运。那片灌丛一直有很多林蛙在快乐地歌唱，"格儿，格儿"的歌声就像流畅的电子琴声。蝮蛇去了后，林蛙的声音就慢慢变成了"嘎——-哇——"痛苦的呻吟。哎，不知道有多少林蛙着了那蝮蛇的魔法。

山的背面没有路，我们在灌丛中乱穿。有砍倒的树木横在地上，有火烧树木的痕迹、灶台屋基的痕迹，以及丢弃的两件旧衣服。还有一个瓜棚已垮掉大半，有一个可以做文物用的瓜瓢吊在风中打秋千。这应该是多年前人们居住的旧址。旧址前坪有一大片苔藓地，和树上的苔藓不同，这片苔藓虽然同样很浅，但根根枝叶粗壮，像松针，摸上去还刺手。苔藓上开着漂亮的小黄花，像举着的一个个迷你型蛋筒冰淇淋。冰淇淋花极有规律地安插在苔藓中，横也成行，竖也成行，斜也成行，像精心编织的地毯，你不得不赞叹其编织的技艺。更神奇的是，苔藓地旁边的一堆松沙上有一行巨大的形似梅花的脚印。我的大脚踩上那脚印就像汪洋中的一条小船。

我们翻山回去时，阳光露出了更为热切的笑脸。很多雪白的蝴蝶成双成对地在路边跳舞，路边的黄花是它们浪漫的舞台；红腹角雉的母鸟在告诉三个孩子如何快

图60　红腹角雉

速横过山路；灰胸薮鹛在路边与灌木之间跳来跳去，真是个调皮的孩子；金胸雀鹛藏在灌木间不停地翻筋斗，要不是看在它那金黄的胸脯的分上，我们才不会在那灌木前扭半天脖子；金额雀鹛却真的是不给面子，所有潮湿、带苔藓、阴暗的角落我们都寻了个遍，甚至还不惜双膝着地，求爷爷告奶奶那一招都用出来了，它还硬是不出来。

云在山谷中缓缓升腾，像条长龙在山间摇曳前行，难怪此山沟名为"龙苍沟"。一只比我们高一头的灰色野兽从灌木间钻出，正要到溪边喝水，抬头看见了我们，转身便朝山间狂奔，只留给我们一个圆乎乎的屁股和一条黑色的短尾巴。不知松沙上那行脚印是否是它的足迹。那是獐子，还是水鹿，抑或其他动物？

云贵高原

北纬二十八度（上）

北纬二十八度，地球上仅存的一片原始森林——贵州宽阔水保护区。

夜宿保护区内小李家，半夜老是听到低沉而浑厚的响动，莫不是泥石流要爆发了吧？遂揭开一线窗帘，通过窗户观望山上，一轮满月悬挂半空，黄黄的，晕着一圈毛边，并不皎洁。民间传说这样镶着毛边的月亮预示不久天将大雨。我将窗帘全部掀开，天空一片暗蓝，山体黑寂寂的，远处传来一阵一阵"叮叮咚咚"好似琴弦拨动的声响。月色下，琴声悠扬，我的心情渐渐平复，沉入梦乡。

清早又被"叮叮咚咚"的琴声唤醒，我赶紧跑到坪里。一只黑色大狼狗一边伸懒腰一边对我摇尾巴，一大群山麻雀站在披着露水的辣椒园中开早会，太阳就像红红的鸭蛋黄，竖在远处的山峦间。山峦一层一层起伏，都染着金光。那雄性山麻雀头上就像镶着一颗红宝石般发出夺目的光芒，黑狼狗看上去十分威武英俊，俨然披着金光的天上神犬。半夜听到的低沉而浑厚的响动，原来是山上奔腾而下的溪水。

一条崭新的沥青路像柔软的细绳从东边的山脚一路缠绕而上,穿过溪水再往西绕去。琴声是一群隐在溪边昼夜不息的演奏家——弹琴蛙的杰作。它们是安于幕后的伴奏家,在宽阔水的几天里,我没有哪一天、哪一刻没有听到它们的弹奏声,但我自始至终也没有见过它们的真颜。

和小李说起我对于泥石流的担忧,小李说这条路去年才修通,前阵又暴雨,滚几块石头是很正常的。这里都是喀斯特地貌,土层很浅,石头有的是,但泥很少,要形成泥石流还是缺少一些元素。

沿山路而上,一对草兔在路边蹦跳着啃草,再上去便经过天鹅湖。湖的远近都是山,湖面隐匿于森林中。透过树的空隙,可见湖水与树木同色同态,皆是碧绿皆很平静,据说湖最深处达四五十米。有几辆车靠边停着,夜钓的几个本地年轻人蹲在水边并未收竿。隔日我们有幸吃到他们钓的一条一斤左右的鲤鱼,用土豆片煮了一大盆汤。因为从不吃鲤鱼,我没有碰鱼,但土豆片吃了两碗,却是鲜甜鲜甜的,汤也是鲜甜鲜甜的。不知到底是鱼好,还是土豆好,或者是水好。可以肯定的是,水是最好的。因为一路上,在贵阳和遵义,有很多卖水的都会在门面前立一块毛笔手书的白底黑字大招牌:"宽阔水的水"。天鹅湖原则上是有天鹅的,但这个季节暂未见到,不过有鸳鸯在戏水,还有人在游泳。

湖岸沿线是连绵不断的原始森林,长着很多高大而极具特色的植物,主要有灯台树、华山松、珙桐、檫木、红豆杉、金丝楠、鹅掌楸、漆树和亮叶水青冈等。按理喀斯特地貌土层很浅,要长出大树是极其困难的,偏偏这一带的亮叶水青冈都长成了参天大树,且数量巨多,转弯抹角满是它们的身影。有两棵巨大的树就立在路中,中间刚好一条车道宽,行车得小心地从中穿过。不知道当地人是爱惜树还是爱惜车，我仔细看了树身，竟然没有一道刮痕。这些树的长相也各有特色，有棵树的树干靠下部位鼓出一个极大的包，就像怀胎十月似的。后来找当地村民考证，那怀的胎原来已经超过300年。那些树干笔直、树皮青溜溜的、没有任何节疤的树或许年轻吧，结果，随便一棵20厘米粗的树都是百岁老人。

过天鹅湖后往旺草镇方向，大路两边是方竹林的天下。好好的原始林种什么竹子呢，小李说谁去种啊，它们自己长出来的。我们往前行的时候，竹林根部不停地摇曳，传出一波一波窃窃的笑语："嘻嘻，叽叽。"这是金胸雀鹛和金色鸦雀准备捉弄人了。停下来仔细倾听，笑声愈发隐秘，只有竹梢乱摆。一个小黑影突然从竹丛上空蹿到路对面竹林中去了，消失得无影无踪。正遗憾间，又一个小黑影一闪，也闪到对面的竹丛中。这些小家伙就这样要么藏在竹根底部，要么玩一个快闪，从不会在任何一棵竹子或竹叶上停留哪怕一秒，偶尔出来晃一眼，就像火烧了屁股似的弹走了；或者像一道金色的闪电，点亮了你的双眼，可是你尚来不及为它的出现欢呼，就在你眨眼间，那道闪电消失了，只剩下微微颤动的竹林和你狂跳的内心。这样行踪隐秘的"两金"真适合做特工，不知道要如何找到与它们心灵相通的道路。

太阳山是宽阔水的最高峰，站在山顶可看到重庆。上太阳山的路，极陡且窄，两旁依然有大量方竹林，我在这里至少五次看到"两金"的神秘身影，开始我还有些激动，后来就麻木了。在黑暗狭窄的山路上看到它们真是太容易了，就像黑夜里拍叮到脸上的蚊子般，但要在黑暗中看清蚊子长什么样，估计得有双悟空的火眼金睛。下山的时候，光线好多了，路也平坦了很多。我坐到一个台阶上休息，山顶传来"哦——哦——"几声长啸，像猴子的叫声，我以为是黑叶猴来了，忙往山顶折返。因为我看见过相关的文章，说宽阔水有几百只黑叶猴。刚上去几步，又传来"呵呵，呵呵"的"女人"大笑声，黑叶猴的叫声再度响起，我猜这"女人"是那黑叶猴的情侣。我再次坐下，黑叶猴的情侣还在山顶吼叫，耳边又传来"嘻嘻，叽叽"的"两金"的笑声，似乎就在我头顶。抬头，两个金黄的"盐蛋"黄明晃晃地挂在一根竹枝上，就在我眼皮底下。它们一边嬉笑，一边不停地抖着羽毛，全然没看我一眼，当我是个木头人。如果我伸一下手，它们瞬间就可以被我抓在掌心，我却甘心情愿地当着木头。要知道，有多少人爱慕它的美丽，梦寐以求看见它的真颜。现在，它就在我面前，只为我一人表演，这真是至高的荣誉。一直苦恼找不到心灵相通的路，原来是自己心还不够静。在竹枝上表演了 10 分钟后，它们飞到前方的大树枝上，在树枝上一路翻着跟斗往前滚。滚着滚着，树叶里探出一只红嘴相思鸟的头，"嘀，嘀"，相思鸟皱着眉头嘀咕了两句。"两金"立即一溜烟儿地跑了，好像打扰到人家休息了。

　　穿过"东北人家"前坪，在一大群大嘴乌鸦的夹道欢迎中，茶园便到了。

　　在这里，我们碰到一个扛镰刀的老汉。清晨，老汉扛着镰刀从我们面前过。傍晚，老汉又扛着镰刀从我们面前回。我问，您是去砍柴吗？老汉说是"砍鸟巢"。我立刻想到网上那些巢拍大片，想想拍鸟都拍出个啥名堂来了，都跑出"砍鸟巢"专业户了。于是和老人家聊起来，希望能做通他的思想工作，不要去干这些伤天害理的事。老人家对我十分警惕，绝口不提鸟巢在哪儿，我许以金钱诱惑，他都当作是粪土，一看就是个接受过专业训练的老"007"。我觉得很好奇，他"砍鸟巢"不也是为了钱吗？后经多方考证，老人家是受聘于海南师范大学，"砍鸟巢"只是作一个记号，方便作科研之用的。我突然想起这几天路边的一些大树上，安了一些小邮箱似的木箱,据说那就是作科研之用的。那些"小邮箱"里,我亲眼见过几只山麻雀在神神秘秘地投稻草,投树叶,它们大概是要将这些"邮件"寄给海南师范大学吧。

茶园并没有将整个山坡霸占,只是占了向阳一面的一隅,上段依然是原始林,下面是灌木。灌木的主角是野生猕猴桃,指头大小的桃子毛茸茸地串满枝头。绿背山雀、白领凤鹛和蓝翅希鹛成立了一个"猕猴桃乐园三鸟组合",它们在乐园里跳着欢快的踢踏舞。园中立着两棵已枯死的大树,光秃秃的枝丫像张开的臂膀拥抱着上

图61 绿背山雀

天。灰头绿啄木鸟没有将这两棵枯树抛弃,而是一直热心地、冒着雨从下到上认认真真地敲击它的每一寸肌肤。

一只翠金鹃站在电线上,冷冷地瞅着地面的一切。

这是一只翠金鹃雄鸟,站在电线上一动不动地发着呆,既不唱歌,也不跳舞,连脖子也不转动。电线上来来往往已过去了三波鸟浪:一波黄臀鹎,一波山麻雀,还有一波家燕。它们就像电线上的音符,一划而过,只留下一串哨音。蒙蒙的雨雾里,翠金鹃站在电线上,剪影如同一颗猕猴桃。当雨雾散去,太阳从茶园上方升起,橘红的太阳光斑便如舞台的聚光灯,洒在这颗镶在电线上的绿翡翠身上,熠熠生辉。它不动,眼睛却在贼溜溜地转,不知在打谁的主意。

电线对着的那片山坡灌木间,"两金"的身影又在其间闪现。同样的,只见枝头乱颤,不见佳人芳容。但是它们就算是这样小心谨慎,也犯了致命的错误。它们离开那片灌丛后,翠金鹃的雄鸟立刻不发呆了,翅膀一拉,哼着一串小曲往西边的山坡飞去,空中留下一长串悦耳的歌声。"口唱山歌进松林,斑鸠问我是何人?我是春天布谷鸟,凤凰差我来叫春。""快来快来,快快快来。"一只翠金鹃雌鸟接收到了它发出的信号,鬼鬼祟祟钻到"两金"原先待过的灌丛。一阵后,雌鸟又飞回到原来雄鸟待过的电线上,继续发呆,眼睛同样贼溜溜地转。

鸟类都会以为覆在自己羽翼下的卵是自己亲生的,而"两金"的却多半不是,翠金鹃已趁它们出去觅食的机会把自己的卵偷放到它们巢中,把它们的亲生蛋撵出去。现在,那个美丽的窃贼正站在电线上监视着它们的一举一动咧。那个位置是绝好的观察点,正对着"两金"活动的灌丛。哪怕是一丝风吹草动,都尽收眼底。

真是无比悲切的事,自己亲自孵的卵,辛辛苦苦抓回虫子喂大的孩子,竟然是别人家的。看看那个越长越大,比自己个子大几倍,羽毛是绿色的家伙,声音尖厉,哪一点像你呢?

雄翠金鹃又回来了。这次它站到了一根落光了叶的枯枝上,后代托管大业已完成,它还有什么要担忧的呢。阳光真好,它伸了个懒腰,接着便撑起身子晒翅膀。它将全身每一根羽毛翻来覆去理了至少一千遍,就是一团乱麻也被理清了。最后将翅膀充分摊开,每一片羽毛都被阳光穿透,直到那一片翠绿在阳光下摊成了一架灰色的直升机。

图 62 翠金鹃

当秋天来临，亮叶水青冈、鹅掌楸一道将宽阔水装扮成一片橙黄的世界，弹琴蛙也停止弹奏时，翠金鹃就会驾着它们的直升机，带着"两金"给它们喂大的孩子，直飞东南亚。在那里，它们全家将度过一个美丽而温暖的冬季。

月亮又出来了，还是镶着毛边，比昨夜更圆更朦胧。弹琴蛙依然在卖力地演奏，群山在月色下沉睡，无数条溪流从山间奔腾而出，无人知晓它们的源头。它们汇聚着宽阔水的秘密，昼夜不息，奔向远方。

北纬二十八度（下）

我在方竹林寻"两金"时，不知从哪里钻出两个人，仙女一样的人。一个穿绿长裙的年轻妇女，一个三四岁穿白连衣裙的小女孩，是一对母女，她们沿着路边的方竹林往我的方向过来。"小白兔，跳跳跳；跳到路边停一停，停，一朵花！"小女孩一边学着兔子跳，一边唱着歌，当唱到"停"时，她的脚边刚好有一朵花，她弯腰采下。"小白兔，……停，两朵花。"她就这样边跳边停，也真是搞不清为什么她每次唱到"停"时，脚边就刚好有一朵花等她采，她的小手里已攒满了花，妈妈还帮她拿着一把。而我看不到一朵花，眼里全是竹林，除了方竹林还是方竹林。她们就这样慢慢靠近我，我有点紧张起来，她们过来，"两金"就不会出来了。我想出一个法子，如果她们再靠近一步，我就告诉她们这里有毒蛇。我正在酝酿"毒蛇方案"，她们却怯怯地瞄了我一眼，往后撤了。

"两金"最终还是给了我一个背影，我觉得有点儿对不住那母女俩，便沿着她们回去的路线准备去会一会她们。沿着一条烂路进去几百米后，路右边的密林中赫然冒出两栋废旧的水泥砖旧屋，没有门，只有两面砖墙及一堵树墙，其中一面墙敞开，可直入屋内，也可翻过砖墙进入屋内，因为砖墙与屋顶中间留有足够的空间。屋顶由树木檐条、石棉瓦，及郁郁葱葱的各色野草野花组成。檐条上有很多斑驳的白印，像野蜂的巢，也像虫蛀的洞，或是什么东西咬破的。在敞开的那一面墙内，那个母亲正在淘米做饭，小女孩手握着柴棍准备帮母亲烧火，小花扎成一束插在一个玻璃瓶里，放在水泥屋的窗台上，其中竟然还有两束紫红的香水百合。屋旁停着一辆川字号的小巴车，一个中年汉子刚好从山里跑下来，手握镰刀站在车旁，对着我虎视眈眈。他指着屋前一棵高大的山核桃树，又指指我手里的相机，叽里呱啦说了一大通，但我听不太懂他的话，只记得他好像反复在说两个字："飞虎"。小女孩一边烧火一边偷偷地瞄着我，我挥手朝她笑了笑，她也对我笑了笑，笑成了一朵盛开的百合花。

晚上和小李说起这家人的事，小李说他们是从四川过来承包那片方竹林的。他们正在清理竹林，这样来年便可长出更多更好的竹笋。市面上那些竹笋罐头、竹笋熟食，九成都是方竹笋做的。我又问"飞虎"是啥意思，小李说那是一种会飞的老鼠，就是鼯鼠。我想起年初到高黎贡山的贡山县，在县城的街头到处可见那些被烧光了毛、老鼠大小的鼯鼠，当地人一堆一堆买回去吃，和人人喊打的老鼠简直一个模子刻出来的。小李说此鼯鼠非彼鼯鼠，这个漂亮多了，决定当晚就带我们去看看。

入夜，我们跑到两栋旧屋跟前，屋里正热闹地聊着天。看来，承包方竹林的四川人还有好几拨，晚上都聚过来了。我们抬头在屋顶和树上搜查数遍都未见鼯鼠的影子。小李说可能是现在来砍竹子的人太多了，鼯鼠害怕就不敢过来了。同行的遵义来的雨水老师和珠海来的陈老师分析说，人多并不是理由，而是今天天气有点凉，上午下过雨，天凉鼯鼠就不要喝水，不要吃盐，这才是它们不来的理由。我觉得老师们的分析很有道理，于是期盼第二日是个大太阳天。

第二日果真是个大太阳天，一行人坐等到晚上8点半出发。据说鼯鼠一般都是晚9点左右出来。刚走到天鹅湖，前方车灯扫到路右侧一个影子："鼯鼠！"小李立刻刹车。那鼯鼠全身橙红，长长的尾巴卷曲着倒伏在背上，正用舌头在地上舔什么东西吃，无论从外形还是从动作上看起来都与赤腹松鼠十分相似。它并不怕车灯，相反在车灯的照射下，舔食得更欢。地上只有一摊湿印，并无其他东西。小李说那是钓鱼人撒的尿，鼯鼠是吃其中的盐分。哈，原来这钓鱼人撒的"爱心盐"是鼯鼠们喜爱的一道大餐。舔了一会儿"爱心盐"，鼯鼠便开始立身子。这时我才发现它的个子比赤腹松鼠大太多了，足有小李家那只大狼狗那么大。而它的脚，如果那称得上脚的话，只见细小的足踝，其玲珑精巧和裹脚的老太太有得一拼；小足踝与腹部之间连着一件极宽松的蝙蝠衫，据说它就是靠这件蝙蝠衫滑翔的。它的脸白而小巧，眼睛像两颗紫色的夜明珠，看起来又像小熊猫；它摸着小脸上的胡须开始思索，接着全身完全直立，四肢一弹，又一蹦，像一个穿着红白制服的"蝙蝠侠"，驾着月色，消失在茫茫夜幕中。

这确实是个漂亮的家伙，名称是红白鼯鼠。小李说他小时在山中砍柴时，见过它们在烂树中的巢穴。它们有时会成群结队到湖边来喝水，并不怕人，但人怕它们。以往人看见它们时，会将它们等同蛇、穿山甲一类的动物，抄起农具狠狠地打。它们既可以跑又可以飞，不知什么原因，就是不跑不飞也不反抗，直到被活活打死。

湖边出现鼯鼠，方竹林肯定也有，我们立马往方竹林赶去。旧屋里依旧热闹喧天，在屋檐的一角果然静静地蹲着一只鼯鼠，正津津有味地舔着檐条。檐条天长日久会自己生出硝盐。鼯鼠舔足了盐分后，便心满意足地跳到了屋顶，沿着屋顶爬了几步后，张开四肢飞到了核桃树上。它将头架在一棵大树枝上，尾巴从上面垂下来，那尾巴真是长得有点离谱。当它将尾巴卷曲在背上时，尾巴看上去最多身子那样长，悬垂下来简直像是从天上放下来的一挂橙色天梯。攀着天梯一直往上爬，可以直通天际。它只是晚上出来，长出这样绚丽多姿的长尾是要给谁欣赏呢？而且好像现在狐狸尾巴、貂尾巴，就是连兔子尾巴都上了人的脖子，鼯鼠的尾巴竟然闻所未闻。难道是因为它的尾巴实在太长，没有谁的脖子能承受？

它继续往树的高处爬，最后停在树顶的几根枝丫上，盘着身子，俯瞰众生。这样看上去它又像一只大熊猫，只不过是彩色的大熊猫。我们要看到它，需得仰视再仰视，甚至得把头呈90度折叠在脖子上。从它的角度看来，我们可能有点不像人了。它一直盘坐在那里，不再挪动，两只乌溜溜的大眼睛极其友善，满眼慈悲地看着我们。我无法再追寻它的目光，也许对它来说，不打扰它也是一种慈悲吧。于是，我们一行人静静地退了，祝它在树上做个好梦。

回程时，小李说有点奇怪，鼯鼠真是不怕人的，为什么今天看到我们要跑呢？他早几天在这见到八只鼯鼠。它们在舔檐条的时候，他还摸过其中一只的头。当他摸它头的时候，它就像自己家养的狗一样乖，好像还很享受他的抚摸。可能是砍竹子的人多了，还是有点影响吧。毕竟，他们手里执着的都是镰刀。

再经过天鹅湖时，车灯扫过，湖边一棵巨大的亮叶水青冈上有两颗闪闪发光的

图 63　红白鼯鼠

夜明珠,又是一只鼯鼠。它将长尾竖起,指向它身旁的一棵漆树,它往空中纵身一跃,打开了巨翅,那绚丽的长尾就像一颗流星扫过夜空,它飞到了远处的一棵大水青冈树上。紧接着,黑暗中又一阵稀里哗啦树叶掉落的声响,一道闪电"刷——"地紧跟着那只鼯鼠,停在它屁股后边。啊,还有一只鼯鼠。于是,水青冈树上镶了四颗夜明珠,在湖畔闪烁不停,足以照亮黑暗中的一切。

　　湖水映着天上的一轮毛月亮,湖面金光闪烁,就像打碎了一湖的夜明珠。

　　多美的夜明珠,唯愿方竹林的竹子年年发新笋,森林里的小水泥屋永远也不会垮。湖里的鱼永远也钓不完,夜钓的人能天天有好收获。如果他们想撒"爱心盐",那就多多地撒在湖岸,不要撒到湖水里去。

第四江——云南独龙江

云南独龙江,暴雨。

江边有一幢小木屋。角师傅和五个科研员从高黎贡山钻出来,又冷又饿。角师傅更是打起了摆子,他们跑到小木屋檐下躲雨。因在山里待了一段日子,个个衣衫褴褛,胡须丛生,从头到脚都是泥,两分像猴子三分像乞丐五分像坏人。最关键的是,他们手头除了一些植物标本,只有两个"银角子"(即硬币),也就不敢去敲门。门自己开了,里面探出一个独龙族老太的头,她朝几人扫了一眼,立马招呼他们进屋。屋内架着一盆火,老太煮了 30 个鸡蛋,顺手又往火堆里丢了一堆土豆。土豆熟了,老太又将土豆一个一个拍了灰塞给他们。吃完鸡蛋,又吃完土豆,衣服烤干了,摆子也不打了,雨也停了,一行人拿出仅有的钱来感谢,老太却坚决不要。

偶遇独龙牛

金沙江、澜沧江、怒江都是人们耳熟能详,鼎鼎大名的大江,独龙江作为"三江并流"的核心区之一,是在这几条大江之外独立存在的,被称为"第四江"。这里是独龙族在云南的聚居地。在 2016 年独龙江隧道开通以前,这里每年都会大雪封山半年,外面的人进不去,里面的人出不来。

我们来的这次，老路照例大雪封山，寸步难行，我们选择走隧道。出了隧道口，天近黄昏，远山白雪皑皑，近处满目青山，都沐浴在落日的余晖中。天边出现一道红色的细长云霞，红鳞闪闪，张牙舞爪，恰似一条独龙翻滚。见过欢迎的阵式，敲锣打鼓耍狮舞灯投花送抱，而这样在天庭之上专门派出一条独龙来迎接只可能是独龙族的独创。我一直未搞清为什么这里称为独龙江，想是当地人凭空想的，原来真的有条独龙盘踞于此，并非神话传说，真令人大开眼界。

在"独龙江欢迎您"的招牌之侧，一个小山包上排着密密的蜂箱，蜂箱顶盖白

图64 独龙江的晚霞

色石棉瓦，瓦下压着白色塑料布，在蜂箱两旁迎风轻摆，远远看去如同蒙着白色面纱的修女。时值2月初，中华大地尚是万物凋零，而独龙江的山坡和河谷却已春色满园。这是一个巨大的花园，花的品种极其丰富，单是杜鹃花就让我眼花缭乱：团花杜鹃、夺目杜鹃、雅容杜鹃、附生杜鹃、泡泡叶杜鹃、灰白杜鹃、粘毛杜鹃、蜜花弯月杜鹃、木兰杜鹃……还不包括那些含苞待放的，不下30种。随便某个角落、山谷转弯处、河畔，甚至岩石之上，都会有杜鹃姑娘风情万种地和你打招呼，但你想向她亲密地示好，门儿都没有。她要么身材高大，要么寄生在高大的枯枝上。她最多撒几瓣花瓣在路上，给你的脚一丝机会去一亲芳泽。除了杜鹃，还有各种兰花。兰花喜欢安静地站在某个角落，或与苔藓一道在某棵大树的枝上，盘成天然的盆景。盆景之美，苔藓有很大一部分功劳。苔藓长着红的、黄的、绿的丝状叶片，一些孢子杯优雅地撑在毛茸茸的细茎上，像苔藓打出的无数疑问号。还有一些苔藓自身盛开一些细绒花，结成轻盈的蓬松花团，将树枝改造成无数像龙像马又像鹿的枝架，其精美雅致，世上顶级的园艺师都望尘莫及。米团花算是最朴素的了，但规模不小，充满蜜汁的花冠重重叠叠，如同举着一枝棉花糖般吸粉无数。松萝是森林置办的婚纱，如同瀑布从树顶悬垂地面，营造出如梦如幻的场景。走进森林的姑娘在那豪华的婚纱之下都要留下艳羡的目光，只恨自己不是森林的新娘。空气中充满着甜蜜的诱惑，只等着蜜蜂来临幸。但是蜜蜂此刻还躺在修女的怀里不肯起来，在蜂箱里发出单调的嗡嗡声，花的数量和香气还不足以吸引它鼓动翅膀。只要它愿意，一伸足，独龙江就会有上千种花送到它鼻子底下，甚至挤破它的脑袋。现在，它还得养足精神，接下来的大半年会令它采花采到抽筋。

蜂箱后的树丛一阵乱摇，角师傅探出头来，手里提了一桶蜂蜜。他刚好碰到蜂

图 65　苔藓植物

农来割蜜,顺手买了一桶。蜜连同蜂巢一起割下,如同流淌的黄金小屋,像这里的空气一般清新和芳香。角师傅给了我一小块"黄金屋",还没有嚼,屋子就连同"瓦片"全都融化在嘴里。我无法形容那味道,那里面至少包含有八十种杜鹃花、十种兰花、六种悬钩子、五种百合、四种树萝卜,还有米团花……真是实至名归的"独龙百花蜜"。

我们一行四人各预订了三桶独龙百花蜜。

喜欢百花蜜的不只我们,还有黑熊。角师傅说,去年有一次他进独龙江,钻到路边的树林方便，只觉头上有东西晃动。他抬头一看，一只母熊正在树上掏野蜂蜜吃，旁边还带着两只小熊。大概看到有人过来，黑熊便一边大吼一边伸出一只脚掌朝空中使劲一拍，"嗵！"角师傅耳边一声巨响，吓得一头栽倒地下，一摊鲜血慢慢渗出来。他颤抖着摸一摸身上，好像也没有哪出血。再抬头，黑熊就倒在他脚边，敢情黑熊一掌拍了空，一个倒筋斗栽下来了，嘴里正在渗血咧。黑熊朝地上连着吐了几口血、两粒牙齿滚了出来。它晃晃悠悠地爬起来，角师傅又惊又怕又好笑，待在原地不敢动。黑熊一脸又惊又恼难为情，好像很没面子。在人前丢了面子，在独龙江是很不光彩的。它举起一只巨掌，角师傅直接傻了。然而，它却低下了头，用巨掌悄悄抹了一把眼泪，"哦，太丢脸了！"它再次低下头，夹着尾巴就往山上跑了。黑熊跑回山上，两只小熊对着它嗷嗷喊饿。它心一横又去爬树，可能受伤的缘故，结果从树上又摔下三回。最终它还是爬上树，掏了那窝蜂蜜。

我一直抬头往树上搜寻，希望也能碰到掏蜂蜜的黑熊，结果熊没碰到，却碰到了牛。先是一头小牛从路边的灌丛中探出头来，黄色的额头，水汪汪的大眼睛，一对透明的小耳朵，头上还没长角。这可不是普通的牛，而是独龙牛，半野生的。一行人停下来看那小牛犊。小牛看我们一直看它，也对我们生了好感，一步一步朝我们走来，还伸出舌头来舔我的手。我的手心也没藏着什么宝贝，只不过汗津津的有丝咸味而已。小牛正舔得欢，它身后的灌丛忽又一阵摇晃，钻出来一头大牛。快退，快退，母牛来了！左师急喊，一行人忙退出 20 米开外。那头母牛是个女李逵，全身黑乎乎的似一座铁塔，只嘴边和鼻孔下圈着一轮白色，像独龙江那些黑枯了的树叶上挂着的一层薄霜；那对牛角，直直的、平平的，没有转半点儿弯，就像两把平插的匕首；嘴里永远在嚼东西，像嚼着槟榔一般，满嘴翻着泡泡，长长的舌头像镰刀

图 66 独龙牛

翻滚。它不吭一声,紧靠小牛站着,额头高高耸起,仿佛耸起了一座高黎贡山,一张长脸上显出几分威严和霸气。它望着我们,将头上那对匕首左右摇晃两下,我们赶紧逃。

我们到达独龙江乡政府所在地孔当时,天已擦黑。江这边一色的红墙绿瓦新楼房,排列错落有致;对岸是白墙灰瓦,藏在树中,远远的灯光闪烁,如同江边缀着的繁星。江水咆哮着,在那古老的河道中如同一条巨龙,朝江岸频频喷洒出美妙的雨雾。左师感叹着独龙江和他上次来时又大变了样,离现代文明社会越来越近,离原始社会越来越远。我在街上倒还寻到了一丝原始社会的味道。在红墙绿瓦中间或还存着几块菜地，菜地中尚有米团花树。夜幕降临，一只大公鸡飞到树上，接着一只母鸡飞上去。最后，那只公鸡的所有妻妾都伴着它，在树上站成了上下两排。不管树下汽车按喇叭还是游人喊叫，它们只管睡它们的觉。从凌晨3点开始，公鸡就开始打鸣了。对公鸡来说，这是它们自祖宗起就养成的习惯，怎样也改变不了。虽然独龙江已进入现代文明社会，但鸡的观念还停在原始社会。它认为，在冬天3点就该起床了，这是自然规律。而这样的晨曲，对于游人来说却如同狼嚎一般要命，因为绝大多数人是深夜一两点才睡的。

我听到公鸡总共叫了三遍，天才大亮。马云说：鸡叫了，天会亮。鸡不叫，天也会亮。关键是，天亮了，谁醒了。我推开窗，街上都还在沉睡，只有独龙江在咆哮，它醒了。

重遇蓝大翅鸲

独龙江的源头在西藏，有两条支流：克劳伦河和麻必洛河，在云南雄当两河汇集，称为独龙江。麻必洛河上架着一座七彩虹桥，河水不深，但宽广而气势磅礴。它从嘎娃嘎普雪山跃出，从山坡和山谷的曲线卷过，跳起来和沿途每棵树挤眉弄眼，用力拍击着河底的每块岩石，从沉木身上一闪而过。胸膛像蓝天一般纯净，像白云一般清澈，携着几片落叶，发出大笑，整个山谷都回荡着它豪迈的轰鸣声。我们沿河而上，不断有参天大树被砍倒在路旁，一条通往西藏察隅县目若村的公路正在修建之中，这是第九条云南进藏线。

太阳爬上山凼，万道金光穿过浓雾射向河谷，垄中静悄悄的。在一些崭新的、五颜六色的木头琉璃屋顶结构的房子中,间或穿插着一些满是岁月印痕的木头茅草屋,里面堆着农具和柴草。浓雾变薄,有炊烟从屋顶缓缓升起。曙光中玫瑰色和乳白色多于绿色,房子如同蘑菇般散落在雾中,让人恍如时光逆转,回到原始社会。村中的每棵树、每片叶子,甚至每滴露珠都充满鸟儿的鸣叫和音调。河岸有棵高大的沙棘树,黄澄澄的果子串成长串,如同舞女轻扭的腰肢,过往的鸟儿无不被勾引驻足。

一大群蓝大翅鸲,至少有上百只,在河谷上空像表演飞行特技似的兜风。"扑",一阵风刮过,它们落到沙棘上,沙棘的腰杆还没来得及挺直,一只只就拽了几颗果子嘻嘻哈哈跑了,连风都追不上它们的步伐。它们一边跑,一边尖声鸣叫,不知道是被胜利冲昏了头脑还是被爱情冲昏了头脑,总之昏头昏脑。它们在空中迅速变换队形,一会变成波浪,一会化身音符;一会扭成一条蓝丝巾,转头又幻作一道黑闪电。在它们这样发了疯似的追跑中,我终于看清了一些门道。每次先落到沙棘树上的一定是雌鸟,雌鸟身旁必定又会紧紧围绕五六只雄鸟,雌雄的比例大概是1:5。雄鸟围着雌鸟一边展示歌唱技艺,一边极力地表现它们采食的高超技巧。雌鸟自顾自地采摘,对一众追求者皆漠然视之。雄鸟们是一些性急的毛头小伙儿,如果有一会儿雌鸟不表态,它们就会愤而起飞。它们心里也有一本账,坚信爱它们的一定会追上来。果然,雌鸟不摆谱儿了,独自留在沙棘树上,风险太大了,凤头鹰一直躲在某棵树上偷瞄着这边。雌鸟立马跟在追求者身后大喊:"亲爱的,等我呀,等等我呀。"等到它追上了它们,它转头眨一眨眼:"来呀,来呀,谁先追上我,我就嫁给谁。"于是,那群毛头小伙群情激荡,争先恐后,每只鸟都试图超越另一只鸟,去赢得美人儿的青睐。

图 67 蓝大翅鸲

在一个小时内,这样的爱情游戏至少上演了百来次,让人大开眼界。在巴朗山看到的蓝大翅鸲,暴风雪中都一直维系其谦谦君子的风范,何以在独龙江就变得如此轻浮浪荡,胆大包天呢?左思右想,大约是因为爱情,只有爱情,才能让最伟大的君子也会变得如疯子一般。

从源头倒回来,我们到雄当逛了一圈。雄当是独龙江上最大的村庄,房子几乎全部改造成亮丽的水泥砖屋。十几个独龙族小孩自告奋勇当我们的仪仗队,一个约

4岁的小男孩骑着他的狗,攀着狗耳朵,威风凛凛地当起了开路先锋。他们带我们一个一个去拜访文面女。独龙文面女都是七十岁以上的老人,我偷偷注视那些描着蓝黑色图案的面容,试图通过她们的手势和复杂的面部图案来猜测她们言语的意思,然而我还是无法和她们沟通,那十几个小孩又兼当了翻译。整体看来,一切都走向了现代化,只有那种我们完全听不懂的语言,以及那神秘莫测的文面还停留在原始社会。哦,还有一样东西,在一幢木质的老房子墙上,还挂着一张完整的风干的野鹿皮,像是上个世纪的产物。角师说那是用箭射下的,其捕猎方式也属于原始社会。

邂逅中缅双重国籍的鸟

钦郎当是独龙江下游,中缅边界最后的村庄。

刚落脚,一只鸫鹟就好奇地从路旁蹿出,打量我几眼后又害羞地闪入灌丛。不远处月亮瀑布方向的一棵大树顶上,一只大鸟不停地鸣唱,以一曲流畅而经久不息的钢琴曲表达对我们的友好。天近黑,无法确知那位钢琴大师是谁。

我们睡的木头房子,入夜,风从木板缝里钻进来,我们将围巾、毛巾、帽子、袜子、外套甚至牙刷都通通塞到缝里,方才堵住了风的进攻。清早去卫生间,卫生间就架在独龙江上,滔滔江水在屁股下面高歌,让我对自己蹲在它头上唱歌而有了一丝愧疚。

朦朦胧胧的晨曦中,瀑布怒吼着,像无数白马从天际滚滚而来,在离瀑布50米开外的地方,其溅起的水花仍可以将我们推到江中。江面有一只鸬鹚一大早就在勤奋地捕鱼,"早起的鸟儿有鱼吃",它已捕到一条大鱼,正蹲在江对岸的岩石上优雅地享用它的早餐。在它脚下,江中的一块岩石上,我们终于见到了昨夜的钢琴大师——紫啸鸫。它穿着紫色燕尾服，对着瀑布和流水奏响了一支独龙江晨曲。我们从充满激昂的乐曲与动感中穿过，沿着一条坑坑洼洼的大道走了不远即到了中缅边界41号界碑处。这可能是出国最轻松最便捷的一条通道，无须任何证件，没有任何人阻拦、盘问，甚至一条拦路的狗也没有。在这里，中缅两国鸟儿和平相处，自由组合，轮流向我们展示其风采。

一大群锈额斑翅鹛在灌木丛中蹦蹦跳跳，像怕我们迷路似的，每走一段就跳到灌木枝上晃两眼，眼看我们跟上来了，便"吱"地钻入灌木丛。黄腹扇尾鹟的细心

图 68　锈额斑翅鹛

就是最凶狠的毒蛇也会被感动。站在阳光强烈的树顶，不厌其烦地给你扇扇子，它宁愿扇烂扇子也要给你一片阴凉。银耳相思鸟毫无顾忌地站上枝头，大声唱着肉麻的情歌。歌声飘过江面，向中缅两国宣告它的爱情。受它的歌声鼓舞，太阳鸟也春心萌动。黑胸太阳鸟向它心仪已久的娇小玲珑的姑娘表演了最炫的舞蹈。穷追不舍，从中国追到缅甸，从缅甸又追到中国，发誓要把它追到手。

  丽色奇鹛看上去是风风火火又不事打扮的"母夜叉"，长年拖着一件灰不溜秋的长袍在两国跳来跳去，又喊又叫的，好像要喊上所有的鸟和它去打牌唠嗑。这样一个"母夜叉"却又极具魅力。她站上枝头随便吆喝一声，便制造了一波好鸟浪。好像她是"和平大使"，平日里不相往来，甚至相见如仇的鸟都自愿集中在它麾下。黄颈凤鹛和棕肛凤鹛，以及火尾希鹛立即响应召唤，跳上枝头热舞，一遍又一遍，从不喊累。黄喉雀鹛和金头穗鹛都是害羞的小姑娘，它们挑开一片树叶，羞答答地露一下脸，立即又躲到叶片下。它们细声细气的歌喉，自始至终都在给舞者伴唱。红翅鵙鹛和灰脸鹟莺则仔细地打扫着树叶和细枝，连蜘蛛夏季时藏在叶脉底下的蛋都被它们搜了出来。黄颊山雀和棕腹鵙鹛毫不客气地挑着主人准备的食物。它们很注意细节，常常在树皮缝隙和地衣下面找到一些好东西。食物实在是太丰盛了，遇到不喜欢的，它们便随心所欲地抛洒。普通旋木雀的适时出现阻止了它俩大手大脚的行为。本来旋木雀是不轻易参与这样的活动的，只喜欢独自在一个安静的角落静静地钻研一棵树。现在，是时候告诉它们要怎样珍惜粮食了。根据近十年来它的研究数据看，食物的多样性和营养性正在遭受前所未有的挑战。独龙江正在被开发，越来越多的人会进入这里，留给它们的地盘会越来越少，食物也会越来越匮乏。珍惜所拥有的吧，兄弟。它用嘴喙钻穿了一块树皮，挑出了一条隐藏在树里的大虫。在场的所有

图 69　红翅鸡鹛

鸟类都对它的高超技巧报以热烈的掌声。丽色奇鹛直接跳下树去，竖起一侧翅膀，给了它一个超大的赞。

在中缅边境我们逛了近三个小时，至少受到十波以上鸟浪的热烈欢迎，欣赏到不少于 50 场不同鸟类的歌舞表演。就是领导到边境来视察，也不一定能受到如此高规格、高水平的礼遇。似乎我们越往密林深处走，表演队伍有越扩大的趋势，为了不引起一些不必要的"外交活动"，我们还是往回撤的好。如果任我们走，沿着独龙江，可一直走到仰光，还不知要看几千场这样的表演。

我们碰到几个缅甸人,每人都背着一大筐物资,要到中国境内去做生意。他们友好地朝我们点头微笑。我想那筐里可能是缅甸玉,或木雕一类的手工艺品。他们背的筐,本身就是极具艺术特色的工艺品。如果他们肯,我很希望买个筐。

回来的路上,有两个从缅甸走亲戚回来的妇女搭了我们的便车,一老一少,均红光满面,一身酒气,举止行为还是很得体,没有在车上多说一句废话、酒话。据说独龙江政府刚颁布禁酒令。

两个妇女过了月亮瀑布就千恩万谢地下了车。瀑布之上,斑背燕尾和小燕尾正忙着捉虫子。嗯,应该也要颁道法令给它们:不准到瀑布边玩耍,后果自负!

夜寻"灰吐吐"

月亮就像一顶灰白的旧帽子,被谁不经意一丢,便歪戴在铜壁关的米团花树梢。两个景颇族男青年腰挎长刀站在月光下。

他们一个叫小沙,另一个是小沙弟弟。兄弟俩都是一身黑色对襟衣,宽脚裤。眼睛闪闪发亮,俨然天空的星星,而且是微笑着的星星,他们的嘴角一直朝两腮轻扬。白天我见过小沙挎着长刀,没想到晚上他还挎着。问他为什么要一直挎着刀,他说这是景颇族的习俗。他们宁可不要金钱,不要女人,一定要随身挎长刀,刀是他们的命根子。在他们的婚庆习俗中,嫁女是一定要打一把长刀的,当然不是为了和姑爷打架,而是送给姑爷的。比嫁妆的丰厚,就是比长刀的锋利和刀鞘的华丽。我抬头看了看天,天上满天星斗,猎户座三颗最亮的星正高挂南天,即将连成一串。

民谚有云:"三星正南,就要过年。"掐指一算,半月之后便是春节了。再看猎户座的腰带上,明晃晃也斜挂着把长刀。也许,景颇族就是猎户座打发到凡间来的使者。

兄弟俩紧按刀鞘,在前面带路。

米团花沿路结成了一道篱笆,月光洒在一串串白碎花上,犹如一组动人的浮雕。这些朴素的花朵在阳光下诱惑过无数鸟和蜜蜂,又引发数场战争:红臀鹎和白领凤鹛为争一朵花的主权而大打出手;蓝须夜蜂虎成群结队来捕蜜蜂,养蜂人抓着小碎石砸蜂虎,蜂虎和养蜂人捉迷藏。月光像一个女神,用温柔的眼神平复了这场战争。

大片竹林从篱笆后穿出,月亮跃上了竹梢。林中传出一些特别的声响,可以辨别出的是,有各种虫子奏着夜曲。林边小溪还有一只早醒的青蛙,有一声没一声地咕噜着,大概是在诅咒虫子吵醒了它的冬眠。

我们从竹林中钻出,月亮变成了一个通红的火球,据说这是 152 年来最有特色的月亮,天上的星星都被月亮的光芒遮住了。一连串"吐——吐——吐"的叫唤在远处震荡,像是某条狗在担忧红月亮的命运,又像是某个失恋的女人在试图挽回负心汉的心。月亮越来越红,"吐——吐——吐"的声音也越拉越长,越来越凄凉。阴惨惨的呼唤沿着竹林上空颤动,似乎每根竹子都受了哀伤的影响,一根根弯下腰身来集体祈求赎罪。哀伤和叹息还在继续,小沙的眼睛却越发明亮。他说那叫唤的是一种猫头鹰,当地叫"灰吐吐"。"吐——"他拉长了腔调学了一句,就像一条被宰的牛发出最后的嗥叫。"吐——吐——"远处山上立即回应了两声,如同恶魔得意的狞笑。

我们往回应的方向奔去。

往年上学的旧时光，小沙兄弟曾抄山路赶近道。他确定回应声就来自那段山路，他对那恶魔的狞笑太熟悉了。他说，那段路有两种猫头鹰，刚才嗥叫的还不算什么，另一种那才叫恐怖。只要它一叫，他常常被吓得双腿发软。说着，他就将嘴咧开，缩着脖子叫了一声"不——嗯——"，隔三秒又重复一次"不——嗯——"。我诧异地望了他一眼，我觉得这叫声里并没有恐怖。

路很陡，不远处送来一连串激昂的狗吠，月亮随即缺了一小边，"天狗吃月"看来也不全是传说。很快，月亮便被"狗"全吃了，山中一片寂静的黑。"吐——吐——"的叫唤声似乎越来越频繁，却离我们越来越远。灌丛又浓又密，每走一步几乎都能碰到一些神秘的小家伙。一只灰白色的大树蜥一动不动地趴在一根树枝上，头侧着，可见到三根向上矗立的角须。两只前脚从树枝上耷拉下来，后脚紧抱着树枝。可能正埋伏在那儿等待美食，也可能在做着美梦。我期待它的颜色有点变化，但好像不太现实，除非我在这里一直等到第二天日上三竿。我们继续像猫一样无声地穿行，像蛇一样悄悄扭动。后来有个家伙撞到我头上，我只当是一只大蚂蚁当场就拍死了它。由于不是雨季，蚂蟥、蛇什么的可排除，没有什么可怕的。晚上回去梳头，梳子粘着四条硕大的毛茸茸的腿，几乎有我小指粗，搞不清是哪种蜘蛛腿。不过，可以肯定的是，绝对不是毒蜘蛛。因为直到今日，我仍然健在。

灌丛是掩在大片山板栗树下的，这片林子是原始林。对于原始林我没有概念，只知道树又高又大，落叶踩上去如同踩在棉花堆上。偶有碰到磕脚的，并非石头，而是山板栗。入秋以后，山板栗熟了，风一刮，便自个儿掉下树来。一只老鼠正端坐在落叶间掰山板栗，想必这些山板栗的营养很充足，将它滋养得圆滚滚的，连胡须都像松针似的粗壮。我们的造访惊扰到了它，它丢下板栗一个筋斗就钻到叶底下去了。落叶之上有它的杰作——一大堆掰碎的板栗壳。旁边散落着一些杂乱的绒毛，一片灰色的大羽毛，落叶上还有什么东西扫过留下的凹槽。估计猫头鹰不久之前来抓过老鼠了。

"吐——吐——"的呼唤声就在我们头顶某棵板栗树上打圈圈，异常清晰。我们也围着板栗树打圈圈，对着每棵大树的每根枝丫上上下下搜索了数遍，却没有找到任何踪影。就在我们心灰意冷时，站在我下风的小沙指着我头顶右前方的一根干枝，拼命朝我打手势。我抬头一看，一只灰褐色的大猫头鹰正背靠大树面朝我们，像一段枯树桩似的立在干枝上。

"褐林鸮！"这就是当地人所说的猫头鹰："灰吐吐"。

黑暗中，我手忙脚乱地往独脚架上装相机，之前试图阻止我们前进的灌木也妨碍着我的手脚，独脚架无论如何都立不稳。"灰吐吐"对我的行为很好奇，也许在黑暗中它只见过老鼠、蛇一类的动物，还从未见过人。因此，它不停地旋着脑袋，一会儿将面盘俯向我，一会儿又将后脑勺对着我，面盘与后脑勺不停交叉出现，像川剧里的"变脸"。我被它的变脸术搞得神魂颠倒，像突然见到心仪的男人，试图表现最完美的一面，却把自己搞得灰头土脸。忙碌了半天，什么也没拿出来。"灰吐吐"终于丧失了对我的兴趣，留下一声讥笑和颤动的树枝，消失在板栗林中，我却连它长什么样都没看清。

月亮被"狗"吐出来一半，板栗林里有了一些亮光，树林深处又传来"吐——吐——"的叫唤。我们再次穿过灌丛，接着滚下一个高坑，抬头仰望，月亮已全部脱离了"狗"的控制，银白的月光从山板栗树间洒落下来，映在一根斜枝上，一个硕大的圆面盆泛着灰白的光泽罩在我们头顶，"灰吐吐"正俯看着我们。月光下的它神

图 70　褐林鸮

态安详，我终于得以看清它神秘的面容。长期的夜间生活让它有了两个浓浓的黑眼圈，但这丝毫无损它的容颜。那双眼睛里闪着一种固有的机智光辉，五六个苹果手机加上月亮的光芒在它的眼睛下都黯然失色。它慢悠悠地抬起雪白的、圆滚滚的腿，高举在充满智慧的圆脑袋前，像一个慈祥的智者低下头来端详我们这群追随者。它的腿实在是太粗壮了，这真不是一只鸟类该拥有的。用这样的腿脚去抓老鼠，虽说这里的老鼠壮硕，但还是有"杀鸡用牛刀"的嫌疑。它将粗腿在脑袋上搔了搔，眼皮就像一扇蓝色的窗帘拉下来，连同钩状的嘴也变成了蓝色。那窗帘半开半合着，它好像就要沉入蓝色的梦乡了。前方灌丛中有什么东西闪了一下，那细微的声响打扰到了它的美梦，可能又有老鼠出来捡板栗了。它立刻瞪圆了双眼，双翅打开，巨大的翅膀像一架飞机在我们头上展开。然而那飞机是无声的，不但没有半点声息，连它经过的每棵树上的每片树叶都纹丝不动。它在山板栗林中翱翔了一段，并没有朝灌丛扑去，而是移到了另一棵更高的树上。它站在那棵树上，将头探出一半来，眼睛乌溜溜地转，像一个害羞的男孩打量家里来的陌生客人。然后，"吐——吐——"，它朝林中又叫了两声，估计是呼唤同伴一起去抓老鼠，或者是对我们的造访表达不满。

我们准备退下山，却无论如何也迈不动腿，灌丛将我们密密包围了，真不知道当初是如何穿过来的。小沙兄弟立即抽出长刀一顿挥砍，我们突围成功。

半途经过铜壁关的一个小村庄，月亮已升上半空。"吐——吐——"，小村旁边的树林里忽然也传来"灰吐吐"的呼唤。这次回应它的是"呼——噜——，呼——噜——"，这声音来自村里家家户户的猪圈。

醒来的森林——菲氏叶猴传奇

穿过一大片西南桦与杉树的杂交林，一个茶场，几垄紫皮石斛地，再拐过一处梯田，沿着一条山涧前行几百米，大片的亚热带雨林便呈现在我面前。这里是我此行的目的地，云南芒市轩岗镇水井村。

雨林此刻仍在酣睡，我在涧边找了块大石坐下。脚下是新沟坝头瀑布，再上去几百米还有落坟岭干瀑布、彩虹瀑布，山顶之上有左家田瀑布，山中还有无数当地人都弄不清名字的瀑布。每个瀑布的规模都不宏大，却昼夜不息地欢唱着，整个山谷充满悦耳的低鸣。山顶尚悬明月，映在山涧之中，随着瀑布水流的冲击，月亮像一只猴子在水面跳舞。

瀑布四周缠着千奇百怪的藤本植物，密密麻麻就像挂上了一幅绿色窗帘。当原鸡唱响黎明的序曲，清晨的第一缕阳光即穿过瀑布，白点翅拟蜡嘴雀站在帘上，恰似帘子绣的一朵黄花。瀑布之外是无数高低起伏的大树，好多树身密布苔藓，凌乱得有点失去美感。银合欢的纯白色花朵就像白色的小绣球，林间随处可见芳踪。其密集之处，恍若繁星满天，当地人称"羊毛花树"。一棵巨大的乌桕树满载着嫩绿的鲜叶，刚从睡梦中苏醒。昨晚志愿者小杨和护林员老黄发誓说，菲氏叶猴一定会在这棵树上过夜。

对面山坡上传来一波一波清脆的响铃声，村民老郭家的山羊都开始进山吃草了，乌桕树却一直没动静。

我的手上和腿上已爬过八条山蚂蟥，还有十只漂亮的花苍蝇。对于一个常年往深山老林里跑，拍过800多种鸟类的"辣妹子"、一个长沙野保资深志愿者来说，这都是小儿科。于我而言，这是我第三次与叶猴见面，是又一次追寻它们足迹的探索之旅。在我的手指肿成胡萝卜大时，瀑布前的帘子开始抖动。帘子抖了几下就停了，接着后面的竹林一阵乱摇，树叶沙沙地响，溪水和苔藓一齐在跳动，整个山体都像在摇摆。然后，"吼——吼——吼"，一连串低沉而具穿透力的吼声打破了瀑布的低鸣，帘子被一脚踢开，一只叶猴蹿了出来。

它跷着二郎腿，一手搭凉棚，一手抓着一把杜英的嫩叶坐到乌桕树的枝杈上。灰色的脸庞上胡须根根张扬，长长的尾巴挂在枝杈间，就像枝杈里长出一根灰色的

图 71　菲氏叶猴爬藤

长藤条。紧接着大群叶猴钻出来,一个个或高举,或拖曳着一条灰色长尾巴。一时间,森林中到处晃荡着这样的灰色长藤。这长藤般的尾巴可伸可缩,可当秋千荡;可软可硬,可当笤帚扫落叶,又可当拍蚊器。其功能只有悟空的金箍棒方能与之媲美。当它们从高处往下跳时,长尾巴就像大海上的航标,指引着跳跃的方向。用作索绳时,连怒江上最厉害的溜索都望尘莫及。一只小猴扯着前面一只大猴的尾巴,大猴轻轻一甩,小猴就飞到了20米高的树上。而在另一棵大树上,长尾巴还兼作外交工具。我看到一个刚成年的小公猴,去拍一只大公猴的"马屁",就是摸对方尾巴。得到大公猴恩准，小公猴乐滋滋地抱起长尾巴，帮其捉虱子，捉完虱子再将尾巴毛梳理得整整齐齐。把大公猴伺候得舒服了，小公猴往后在猴群中就好混日子了。

相对比身体还长三分之一的尾巴，头只不过是从天而降的一个大惊叹号——下面的那一点。在傈僳语言中，叶猴被称为"猕没头"（Mi Mo Tou），就是说整个身子只看到长尾巴，连头都找不到。

猴群转移过来后，都忙着采叶采花，其认真的姿态俨然一个个熟练的采茶女。山中的羊毛花、野桑、冬青、罗锅叶、西南桦、野竹子、鸡嗉果、野李子、女贞，乌桕等至少有 50 种以上嫩叶嫩花野果是它们的最爱，庄稼它们却连瞄都不瞄一眼。小杨说，自他懂事起，及至爷爷辈，从来没听说过有它们偷庄稼的事。梯田和雨林的交界处叫半山田，当地老农段大爷大半辈子都住那里，冬播小麦夏种玉米。他说叶猴连梯田的边都没踩过，倒是山里的另一种黑猕猴，当农田就是自己家的后厨房，大摇大摆来掰玉米。实际上，摘桃子掰玉米捡西瓜是地球上所有猴子都热衷的事。连菲氏叶猴的表亲——黑叶猴素质都要差很多。我曾去过贵州麻阳河，那里是黑叶猴的天下，当地农民就抱怨，说它们老是跑到地里去挖红薯。

叶猴不像其他品种的猴子，猴王霸占众多妻妾。小杨说它们貌似一夫一妻，事实上是"多夫多妻制"。小杨说，一只断尾猴是在去年的一场爱情大战中被情敌咬断了尾巴。但断尾巴刚愈合，它就找到了新爱情。我在 3 月份第一次看到它时，它腹部微微凸起。在 5 月 10 日正午，我第四次来时，恰好看到它生了一只小金猴。就在那一天，猴群连着添了四只小金猴。而且，至少还有五只大着肚子的猴子。

这样看来，"多夫多妻制"促成了叶猴拥有众多兄弟姐妹。这对于维持整个种群的数量起了积极作用。

图 72　菲氏叶猴捉虱子

虽然私生活上有点乱,但在关系种群未来及处理对外事务上,叶猴却严守规章,团结一致。

据水井村的一些老人说,每年 2 月,山中最大的两个叶猴种群就会聚集到左家田瀑布处,召开集体大会。会议的议题是,山中各个山头和瀑布的主权如何重新分配。这可是牵涉猴群民生民权的头等大事,猴子们都很认真地讨论。有时在一个山头待久了,猴群也想换换口味,议题就和平通过。如果意见不能达成一致,就只能看谁的拳头硬。打几天架后,得胜的一方便拥有优先选择权,另一方则绝不越界。

半山田有块盐渍地，每月猴子都来舔盐吃。我经过那附近时，一条竹叶青，当地人称"青竹标"的毒蛇被我惊动，直窜入那片盐碱地。猴子正在那里舔泥巴，"青竹标"一窜过去，它们立刻就被吓得跑到树上，一边吼叫，一边吐舌头，一边放肆地摇树枝。"青竹标"吓坏了，赶紧盘成一个圈，"嘶嘶"地和它们对吐舌头。一条舌头奋战上百条舌头，只一会儿"青竹标"就累趴了。这时猴子胆大起来，一个接一个从树上跳下，充满好奇地来参观这个全身碧绿的漂亮家伙。它们一凑过来，"青竹标"又吐出长舌头，它们便吓得奔回树上。如此被参观两三轮，"青竹标"心甘情愿没入竹林走了。

彩虹瀑布是水井村的瀑布群中最受猴群喜欢的。这里岩石多，猴子们可以趴在上面晒日光浴。黄昏时分，猴子赶到这里。与此同时，山谷里响起了山羊的铃铛声，羊群将经过瀑布下的一条小路回家。本来"你走你的羊肠道，我过我的岩石坡"，两家互不影响，但山羊竟然攀岩而上。猴群便大声吼叫、吐舌头兼翻白眼，用力拍打岩石。这几招对山羊来说，无异于一场毛毛雨。它们"咩咩"唱着，脖子上的铃铛神气地甩着，一副要冲到岩石顶端的英雄模样。忽然，一阵石头雨将它们砸得哀号着倒退下来。抬头，猴手一颗石子。有几只猴子还在奋力推一块巨石，羊群眼看就要遭泰山压顶了。

它们立刻从岩石坡退下，又沿瀑布两侧树林往上爬。猴子再发警告，山羊当作耳边风，仍往上爬，还有爬上了树的。猴群便猛烈地摇树枝，站到树顶给山羊淋小便，丢大便。有年轻力壮的还折了树枝朝山羊头部猛打，打得树叶落尽又将光枝扔过去。山羊被彻底打退。此后很久，山羊从此处路过都是一声不吭，低头一路狂跑，满脸说不出的羞惭和惊恐。主人拿鞭子抽它们,它们也宁愿跪在瀑布前,不再越雷池一步。

连带的,我也被猴子淋了小便,他们认为我与羊群是一伙的。而小杨和老黄,毕竟是它们的老相识,猴子放过了他俩。

夜幕降临,在石蛤和其他昆虫及彩虹瀑布的和音伴奏下,猴子们趴在树上进入了梦乡。

图 73　菲氏叶猴打架

猴羊之战隔段时间还会爆发。但小杨说,只要羊群数量不再新增,对猴子影响并不大。关键是不要再犯从前的错。

小杨老家在柴家田寨,那里人称"小水井"。翻过新沟坝头瀑布,在山的那一边。我去那个寨子拜访了三次,是个宁静而孤寂的村庄,年轻人都迁到山下的轩岗镇去了,只留下几个老人种石斛。九十年代早期,小杨尚年幼,他到山上看牛,满山都是叶猴,至少几千只。当年山里交通不便,生活条件艰苦,想要吃肉,村民都会拿枪到后山打猎。老黄当年是好猎手,专门打豺和毛冠鹿,一般不打叶猴,嫌它的肉还不够美味。豺和毛冠鹿打没了,大家便将枪口转向叶猴。小杨有次跟他舅去打猎,一次就打到八只。一时吃不完的就用盐腌了,做成干巴慢慢吃,或拿到山下兑换生活用品。二十年前,后山开了一座硅矿,把叶猴最喜欢的一棵大龙抱树砍了。小杨说,是一棵四个大人手牵手都围不拢的大树。不但如此,开矿还引发噪音、粉尘污染、泥石流灾害;山下的河流也被严重污染,以往河中鱼虾成群,现在什么也没了,猴子也跑光了。硅矿去年才关停,从山脚下看,矿区就像一个大大的耳光打在群山之上。十几年前,社会上流行一句口号:"山顶戴顶绿帽子(栽西南桦、杉树),山腰缠起钱袋子(茶场、石斛),山脚屯起粮囤子(玉米、小麦等农作物)。"口号一响,当地掀起一股改造低产林的热潮,不能带来经济利益的雨林便所剩无几。放眼望去,满山尽皆一块一块分割出来,整齐而优雅的绿色面容,饱含着对它们依恋的大山既无奈又悲哀的情怀。

在一些不在乎"绿帽子、钱袋子",当地人称的"懒人"的手下,一部

图 74　菲氏叶猴育儿

分雨林幸存下来。连同国有林、河心场部分区域，这一带雨林便成了叶猴最后的庇护所。

  幸运的是，近几年政府逐步重视叶猴，收缴了枪支，严禁打猎。也不准再砍伐原始林，连人工种植的西南桦也不准砍了，因为叶猴也爱它的叶子。杉树全部砍掉，不再新植。石斛、茶场、梯田不再新增种植面积。4 月，中科院在山中又装了大量红外相机，对叶猴的个体数量、种群分布、生态行为等，将有更科学、更精准的记录。

图 75　小金猴

　　小杨最是高兴,矿山刚关停,马上就来了十几只叶猴。再过三年,只要硅矿不再动工,矿山自然会变绿。如果给十年时间,他坚信叶猴种群就稳定了。

　　但我可能还是有点多虑。我前后四次去水井村,四次都碰到羊群进山。羊喜欢爬到山坡上吃草,羊蹄子就像铁镐一般尖利,一次次向下挖掘和搜索,很多纤弱的植物被连根拔起并埋葬,根本来不及成熟。民间流传"牛口肥,鸡口毒,羊口往里缩"的说法,就是说,凡是被羊群啃过的灌木林和草地不会再重新长出来。而且山羊的主人,在山羊想上树吃嫩叶时,砍倒几棵树给它们行方便很正常,路边和山中

图 76　菲氏叶猴吃花

就有很多被砍倒的小树。我和芒市野保办的周主任交流,他也说放牧目前是威胁菲氏叶猴栖息地生物多样性和猴子食源的重要因素。不过政府正在规划禁牧区,从老黄家所在的水井单腰沿山路上山一直到龙陵交界,整条路右侧全部要划为禁牧区。我向他建议,应该从半山田开始到水井单腰,甚至柴家田寨都划进来。理由有两个:一是半山田的盐渍地是叶猴重要舔盐区;二是如果柴家田寨不划到禁牧区内,对刚建立的小种群叶猴会是毁灭性打击。而且据当地人讲,好像又有老板正在筹划着要重开矿山。周主任听我说后非常重视,说马上就派护林员去调查。如果核实,禁牧区的范围会考虑重新划。

当初因人类无知、贪婪而造成菲氏叶猴流失的家园，在人类觉醒之后，正一步一步归还。

"大嘴"的幸福生活——犀鸟

夕阳映照在洪崩河两岸，一边是中国，另一边是缅甸。

一缕薄雾升起在雨林的上空，这是个典型的热带雨林黄昏。时值元月，并未觉有一丝一毫的寒冷感觉。河谷生长着榕树、攀枝花树、竹林、无花果、阿萨姆娑罗双及各种奇奇怪怪的藤蔓植物。有一堆落光了叶的四数木集中在一处，当地人称"大白树"。其精壮的大白身子十分显眼，像是绿色雨林里请的白衣卫士。事实上，倒是有一群真正的雨林卫士曾在这大白树里安过家，树上的几个大洞就是证明，那是大灰啄木鸟的旧巢。

大灰啄木鸟的巢没有任何装饰，只有一个碗口粗的洞矗立在那里，黑咕隆咚的，里面什么也看不到。很可能它的主人已将这个家遗弃了，也可能是房子被谁征收了。现在我们能看到四只大灰啄木鸟趴在另一棵大树上大声地讨论，估计它们在考虑另筑新房。有几只三宝鸟和鹩哥时不时趴到洞边去考察，它们对这几处旧资产表示了浓厚的兴趣。

当最后一缕余晖洒入河谷时，原始林上空出现了四个巨大的黑影。我们初以为是林雕，直到那四个黑影像脱缰的野马一般嘶鸣着，又像天宫的神犬一般吼叫着，如风筝一般从缅甸山头越过洪崩河,飘向中国的山头,我们方才意识到那是犀鸟。前面两只个子较大,是双角犀鸟。后面两只稍小,是花冠皱盔犀鸟。

看到犀鸟的那一刻,我和鸟导满姐又是跺脚又是双手舞动,嘴里还"哦,哦"地欢唱。如果头上再插上犀鸟的头骨,我们就是两只犀鸟了,只可惜是两只"雌鸟",犀鸟可都是成双成对的。以往,洪崩河两岸的热带雨林里到处都有犀鸟的影子。在当地景颇族的习俗中,有一个盛大的节日:目瑙纵歌节。纵歌节的核心部分就是四名巫师头戴由犀鸟头骨做成的鸟冠出来领舞。满姐是刚从纵歌节会场出来

图 77 双角犀鸟

的，从她拍的视频资料看，为纵歌节献身的是双角犀鸟。她说，绝大多数情况下，景颇族猎杀的犀鸟都是老弱病残。而且，以前的鸟冠是真鸟冠，现在几乎都是假鸟冠——塑料做的。有时候，放生未必就一定是慈悲的。相反，杀生或者做假，倒可能是一种救赎。

3月开始，犀鸟们进入恋爱季。双角犀鸟和花冠犀鸟选了大白树作为爱巢，另一种冠斑犀鸟选了菩提树。雄鸟对雌鸟开始花样繁复的求爱：榕树果子、菩提果子，无论什么野果子，只要雌鸟爱的都会想方设法弄过来，然后一往情深地喂给雌鸟吃。它们不惜跑几百公里去缅甸找"鸟蛙饭"，再跑上千公里去印度弄"香蕉甩饼"；个个都变成了"超人"：上天能抓蜻蜓、小鸟，下地能捉蚯蚓、青蛙，上树还能收获蜥蜴、蛇什么的。雨林里几乎没有它们那张大嘴逮不到的东西。也因此其巢址附近，几乎没有谁敢与它们为邻，除了大盘尾。大盘尾是雨林里唯一可以撵犀鸟屁股的，有一只甚至骑到双角犀鸟的脖子上，将它撵得团团转。

进贡食物是第一步，第二步便是甜言蜜语了。

所有雄犀鸟都长着一张大嘴，每张大嘴里都像是藏着一罐蜜，源源不断地对着心爱的雌鸟口吐莲花，赞美它性感的大嘴、艳丽的羽毛、傲人的身材。一时之间，雌鸟被赞美得飘飘欲仙，个个都以为自己是雨林里的皇后了。

好事已成，雌鸟便在雄鸟爱的誓言里钻入爱巢。雄鸟将爱巢的入口用粪便和泥巴封起来，雌鸟自此开始为期三个月的"坐月子"时光。

雌鸟在洞里一心一意地孵蛋，雄鸟在外任劳任怨地履行好老公的职责。它们身兼厨师、保姆、月嫂、警卫等数职，每天风里来雨里去地采摘果子，出去一趟少说也要个把小时，长的达四五个小时。摘的果子什么颜色都有：红的、绿的、黄的、黑的、白的，它们真是超级棒的营养师。双角犀鸟和花冠犀鸟因为个子太大，摘了果子回来都要先在爱巢外的枝头歇一歇，然后再借着旁边的小树枝跳到洞口。冠斑犀鸟个子小很多，摘了果子就直奔洞口。双脚紧攀着洞沿，一粒果子从颈前的嗉囊里吐出来，再侧着头衔着果子递到洞里。并没有看到雄鸟去敲洞口，这边一递，那边就接了，夫妇双方很有默契。也许早在百米之外，雄鸟的大翅膀"扑——扑"鼓动的声音就已送来开饭的信号，雌鸟便在洞里翘首盼望。无一例外，每种雄鸟都要将嗉囊里的果子一粒不剩地全交给雌鸟，我从来没见过它们私吞一粒。双角犀鸟个

图 78　冠斑犀鸟

子最大，藏的果子又多又深。有很多次我看到它喂了几轮后，便跳到旁边的枝头上将脖子不停地左右扭动，有时甚至将脖子往树干上甩打，接着是嗉囊上下跳动。如此一番后，它又趴到洞口，就像打开了潘多拉魔盒，一粒一粒的果子又从它嘴里蹦出来。虽说犀鸟绝不会藏"私房钱"，但它们的嘴实在太大。就像拿着一把大铁钳去夹一粒豆子，总会有些果子不小心从嘴里滑出去。不过它们这样的无心之举，倒是间接做了雨林里的种子传播者。

若要在雨林里评选模范丈夫，犀鸟是当之无愧的。

图 79　花冠皱盔犀鸟

三个月后，所有的雄鸟都累成了狗：又干又瘦，羽毛脱落。不过，它们脸上都洋溢着幸福的微笑：孩子们陆续出洞了。老婆全身的羽毛重新换了一次，从洞中出来的那一刻，恍如仙女降临凡间。

每一个光鲜亮丽的妻子背后，一定站着一个任劳任怨、有责任、肯担当的丈夫。

滇西战役——动物战争

云南西部属喜马拉雅山延伸的横断山脉之西南端，高黎贡山南延支系构成的山区地形。境内低山与宽谷盆地交错相间，巨大的海拔差异致其生物多样性极其丰富，鸟类资源几占中国一半，其中保山有鸟类 600 种左右，盈江有 650 种左右。我数次去那里观鸟，见到多场鸟类与鸟类、鸟类与其他物种之间的争斗。这些争斗有些是自然法则，有些则是人为因素引发。

腾冲争夺战——黑翅鸢 VS 乌鸦

3 月，保山腾冲，田野里的甘蔗已榨得差不多了，油菜花闪着动人的金黄，烟叶吐出了绿芽，菠萝日夜吐露着成熟的芬芳。

黑翅鸢站在电线上，面容俊俏，黑眼罩下的眼神恍惚不定，就像脚下甘蔗田的色彩。那色彩就是埋藏在炉灰中的火种，任何风吹草动都会令它熊熊燃烧，每只老鼠因而惶惶不安。

它的主权范围涵盖了腾冲到盈江，一直延伸到中缅边界的那片田野。电线上到处都有它们披着黑白战袍的兄弟。它们是当之无愧的电线霸主，令敌人闻风丧胆，在这一带的田野上所向披靡。所有对它们霸主地位不服的挑衅者最后都会乖乖认输。

　　大嘴乌鸦决定出面迎战。除了智商还有个头，单凭那张能说会道的大嘴，它在鸟界几乎没有对手。而且它社交圈极广，好友遍布全国。从城市到乡村，从高山到平原，没有它不能吃的东西，没有它不能去的地方，也没有它不敢说的话，它可以插手自然界的任何纠纷，连人类都对它退避三分。它早就对黑翅鸢老是一副扮酷的模样看不惯了。况且，乌鸦还考证，电线以前曾经是它们的天下，它们的祖先几十年前曾在电线上统治过好几年。它一直在寻找机会，决定把黑翅鸢永久赶下电线。

　　月底，连着下了几场大雨。雨停后，黑翅鸢照例站在电线上，趁着空闲晒一晒淋湿的羽毛。乌鸦一个箭步跳上电线，与黑翅鸢相隔10米左右，站成一个背靠背的姿势。它先歪头打量了黑翅鸢几眼，嘴里咕哝了一句，大概是对它被雨淋湿的狼狈模样表达了一丝嘲讽。接着便边侧头边弯腰，试探性地往黑翅鸢的方向跳了三步，黑翅鸢对它完全一副目中无鸟的姿态。乌鸦站定，甩了甩脑袋，它得思考下一步的对策了。

　　思考了10秒钟，它又鼓起勇气，再次冒险向黑翅鸢靠拢。这一次，它将步子迈得更大，更坚实有力，又往前跳了三步，而黑翅鸢还是一副无动于衷的模样。乌鸦气极了，挺起腰杆，双翅一拍，然后怒叫一声，脚一跺，电线都被它的气势吓得抖了三抖。然而，黑翅鸢不知是瞎了还是聋了，还是一动不动。这次，乌鸦不得不发挥乌鸦嘴的功力了。黑色的大嘴里开始唧哩呱啦蹦出一连串极难听的词语：啊，黑翅鸢你个混蛋，你霸着电线这么多年了，哪个对你都是敢怒不敢言。啊，今天，就轮到我乌鸦来和你算账了！这次黑翅鸢倒像听进耳去了，对着乌鸦低下了头，好像在对自己的行为表示忏悔：乌鸦君，请多多原谅！

黑翅鸢一低头，给乌鸦增添了无穷的勇气和十足的信心。它凌空翻了一个跟斗，稳稳地落在电线上，接着将身子调了一个边，尾巴朝天翘三次，将脖子拉得笔直，将翅膀骄傲地打开。然后，它连着点了三次头，将电线来回扒拉三回。玩足了名堂之后，它整个身子便像个布袋似的斜挂在电线上，嘴里又开始噼里啪啦咒骂。无论是语速还是声调都比上次要加强了好几个档次，一边骂一边又向黑翅鸢跳过去两

图 80　大嘴乌鸦与黑翅鸢

脚。黑翅鸢不紧不慢地抬起头，眼睛盯着乌鸦，很不情愿地抬起一只右爪。乌鸦大喜：嗯，这小子终于要逃跑了。"咚"，它还没来得及欢呼，背部一阵剧痛，黑翅鸢的右爪已揪住了它的背。"哇哇哇"，乌鸦一声惊叫，起飞的一瞬，背上已被揪下一把毛。

乌鸦冲向空中，黑翅鸢在后面紧紧追赶。越过一片油菜田，又越过一片烟田，前面是一片密密的甘蔗田，乌鸦一头扎入甘蔗丛。黑翅鸢停止追击，回到了电线上。

往后，电线依然是黑翅鸢的地盘。大嘴乌鸦基本从电线上消失了，只有在城市的垃圾堆里，或者乡下农民的家鸡家鸭群里，方可以找到它落寞的身影。间或，它还会对着电线长叹一声。

盈江大战——黄嘴河燕鸥 VS 狗

江边出现了两条大狗：一条黄狗，一条黑狗。

采砂船已收工，最后一辆大卡车也已装满沙子出发。夕阳挂在桥上，江面沙洲高低起伏，江水一片绯红。喧闹了一天的大盈江总算安静了下来。

三个男人拉了两张渔网将江的南北两岸网到了一起。江边有一座小山包，因为水面持续下降，原来埋在山包之下水面的地笼冒了出来，像条扭曲的大蛇横卧江中。白鹭家族，大中小六只，全都聚集在地笼前寻找晚餐。

五只赤麻鸭欢呼着扑向沙洲，将头埋在翅膀里。不一会儿，又一只印缅斑嘴鸭向它们靠拢。随后，白鹭家族也一个一个赶来。大家都准备睡觉了。

只有一只黄嘴河燕鸥还在江里忙着抓鱼。

图 81　黄嘴河燕鸥

远处江边冒出一股灰尘,一阵沉重的脚步声将江岸震得"扑扑"作响,一大群牧归的水牛从江边欢呼而过。当水牛越来越靠近沙洲时,一只赤麻鸭抬起了头,接着便尖叫着起飞,其他鸟都紧跟它磕磕绊绊朝西飞去。只有那只燕鸥,在水牛阵腾起的漫天烟雾中,依然不紧不慢地抓鱼。

采砂造就了无数条通往江心沙洲的便道,水牛阵消失后,两条狗沿便道踏上了沙洲。黄狗直着尾巴走向了沙洲边的一截枯树桩,在那儿撒下一泡尿,宣告了它的地盘。黑狗尾巴卷成一个圈,踏着轻捷的脚步迈上了沙洲顶端。两条狗体形矫健,走路虽谨慎，但还不至于鬼鬼祟祟，像是生活无忧无虑的流浪狗。但其毛色又极均匀，并无脏污迹象，又有家狗的嫌疑。

黑狗正站在沙洲顶端视察，燕鸥尖叫着掠过它头顶。黑狗皱了皱鼻头，并没有理会燕鸥，而是翻过沙洲径直朝东边的浅水区奔去。燕鸥跟在它后面，一边尖叫，一边俯冲，一边拉屎，试图阻止黑狗前进的步伐。

沙洲是大盈江很多鸟——燕鸥及各种鸻鹬类水鸟的繁殖基地，洲上一个个高低不平的小坑小洞就是它们天然的家。采砂以前，洲上是安全的。现在黑狗侵入了它们的家，一路就像捡狗屎似的，捡了一窠又一窠鸟蛋。时不时地有几只金眶鸻、灰燕鸻被赶出窠，颤抖着小腿儿哭泣。

黄狗丢了枯树桩，也加入了捡鸟蛋的队列。它的收获比黑狗更大，不只收了鸟蛋，还意外地发现了一窝金眶鸻才出生的小鸟。在亲鸟的哀号中，它吞了那窝小鸟。

两条狗兴高采烈地奔向下一个鸟窝，那正是燕鸥的窝。

趴在窝里的亲鸟开始尖叫，黑狗一声冷笑，慢慢凑过嘴。然而，它尚未笑得出，突然之间就抱着鼻子号叫。原来，那只一直追赶它的燕鸥扑到它鼻子上，将它鼻头啄去了一块皮。黑狗何时受过如此羞辱，脖子一梗，卷尾巴绷得笔直，前腿曲起，一个起跳便朝燕鸥扑去。燕鸥开始和它玩命，贴着它的额头撞过去，一副要同归于尽的英雄气魄。黑狗忙将头一撇，躲过一击。它十分生气，吃你点鸟蛋有什么了不起的呢，一边将沙刨得哗哗地响，一边喉咙里发出汪汪的低吼，脚关节也咔噜咔噜地响，狗腰一扭，凌空一跃，前脚扫到了燕鸥的翅尖。然而，燕鸥并没有退缩，反而逮着机会朝黑狗眼睛狠啄了一把。黑狗翻了一个滚，三脚朝天摔在地上，另一只脚捂着受伤的眼睛一声一声地哀号。燕鸥踉跄着栽到地上，翅膀在地上拖了几把,扇起一阵一阵沙尘。它扑腾了一会儿,借着沙地的力量,又挣扎着飞到了空中。它放开喉咙大声求救,很快,求救声就搬来了两只燕鸥。加上那只孵蛋的亲鸟,四只燕鸥齐势朝黑狗扑去。黄狗是个机会主义者,在黑狗独自奋战之时,一声不吭朝鸟窝走去。眼看鸟蛋就要到手,一只燕鸥狂叫着扑到它脖子上,揪了它一把狗毛下来。黄狗甩着脖子大叫,另一只燕鸥又朝它背部猛撞,它不得不放弃到手的美食。

燕鸥继续朝空中大声求援,又有十几只灰头麦鸡加入了战斗。

图82 黄嘴河燕鸥与狗

天渐黑，狗吠声和鸟叫声都淹没在夜色里。沙洲上什么也看不到了，只有两只搁浅的铁船的影子。

在大盈江，黄嘴河燕鸥的数量近年数据是这样的：2016 年，16 只；2017 年，8 只；2018 年，4 只；2019 年，……

那邦保卫战——距翅麦鸡 VS 牛

那邦是盈江县一个边陲小镇，羯阳河从田野上穿过，河的那边是缅甸。

田野里种有大片的香蕉林，香蕉林外还留着小部分湿地，这片湿地是各种鸟类的天堂。因为湿地水草丰美，也是牛群的最爱。一般情况下，牛与鸟能和平相处，甚至可以说，牛是鸟类的好朋友。

这里有各种椋鸟科鸟类。牛群一踏上湿地，家八哥就一声欢呼直接跳到牛背上。紧接着，林八哥、白领八哥、灰头椋鸟、斑椋鸟、红嘴椋鸟闻讯而来，连牛背鹭也来赶场子。鸟就像牛的贴身保镖，每条腿旁边都站着五六个，连牛屁股后头也站着两三个膜拜者。牛每挪动一次脚窝，鸟儿就前呼后拥着，从牛脚印里找到各种好吃的：蚯蚓啊、蝼蛄啊，运气好还能碰到青蛙。

牛是椋鸟科的好友，但对于麦鸡来说却是个灾星。

田野里有两种麦鸡：肉垂麦鸡、距翅麦鸡。4 月末，距翅麦鸡便在湿地上几块突出水面的沙堆上筑巢。彼时肉垂麦鸡还未进入恋爱季，它们要 6 月以后才筑巢。

一大群黄牛进入湿地，距翅麦鸡爸爸便啪嗒啪嗒着翅膀，一边大声尖叫："小心啊，小心啊，小心啊。"一边围在牛群上方不停地打圆圈。它的叫声警醒了另一群在湿地觅食的栗树鸭，栗树鸭嘎嘎叫着吓跑了。肉垂麦鸡躲进草丛，一声不吭。

图 83　牛背鹭、家八哥与牛

　　对于麦鸡爸爸的警告，黄牛就当是椋鸟一般的欢呼声。当麦鸡爸爸扑到它头顶上尖叫时，它还仰起脖子朝麦鸡爸爸傻笑。它巴不得麦鸡爸爸站到它脖子上，帮它揪几只牛虻出来。

　　这边麦鸡爸爸在尖叫盘旋，那边地下又急匆匆跑出一只麦鸡妈妈。"急！急！急！"它从沙堆这边跑到那边，又从那边跑到这边。最后，站到一块大石上不再动，将头颅朝着牛群，头上毛发耸起，浑身羽毛张开，陡然身形就涨大了好几倍，像个披头散发的泼妇。牛群全都低头啃草，没人理会它的咒骂。只有一条小黄牛对它的

图 84　距翅麦鸡与牛

行为表达了一丝好奇，甩着小尾巴朝麦鸡妈妈走去。麦鸡妈妈立即从石头上冲下来，一头撞向小黄牛，小黄牛赶紧跑到妈妈肚皮下。

牛群继续前进，麦鸡妈妈陷入了绝望，急得像热锅上的蚂蚁团团转，头朝四方乱摆。牛群对于这疯婆子一样的鸟还是有点害怕，大部分都绕着走，但有一头大黄牛性子有点偏，一脚就踏上了大石头。麦鸡妈妈不见了踪影。

一直在牛群头上盘旋的麦鸡爸爸，立即像断了线的风筝掉到地上。在地上挣扎着、扑腾着翅膀，两条细长的腿在地上倒拖着走。它一拐一拐地爬上一个小沙堆，刚站好,又倒了下去。它又用一条腿支撑着站起来,嘴里嗯啊叫着,好像身受重伤。无奈,它不是明星,它反复了好几次,没有一头牛对它的表演感兴趣。

麦鸡妈妈的咒骂声又从另一块大石后面传出,牛群在它身后优哉游哉地吃草。麦鸡爸爸再次冲到牛群顶上尖叫。但是,一切都无用了,牛群将它的家踏了个底朝天。

闹腾了半天,牛群终于走向下一片田野。肉垂麦鸡战战兢兢地跑出来,栗树鸭也欢呼着回来了。距翅麦鸡夫妇还在悲伤地大叫,几乎要喊破了喉咙。烈日下,几只空蛋壳开始发出异味,一群苍蝇叮了上去。

距翅麦鸡目前的保护级别是近危,由于栖息地河流生态系统的变化、水库大坝建设和人类活动空间的扩展,其生存压力在未来三代的基础上,预计数量将更加急剧下降。

高黎贡山咏叹调——寻找会唱歌的白尾梢虹雉

天黑,风大,站在高黎贡山顶上,可见遥远的夜空有灯光闪烁,沿怒江两岸一路延伸,亦如地上的星河。而天上此刻繁星满天,北斗七星就在头顶,就在我住的南斋公房屋顶朝我眨眼。这里没有电,只有星光及我们烧的兜根火为我们照明。

第二天估计是晴天,我早早钻到睡袋里和衣而睡。床是南斋公房的地板,因为潮湿,阿满砍了一些箭竹林竹梢铺在上面。公房是一字排开三间石头房,全都无门。墙壁上有烟熏的痕迹,砖缝成了苔藓的家,屋角之间还挂着三四个蜘蛛网,晚上的蚊子就全靠它们了。半夜有风从大门入，耳畔有各种虫子或者老鼠咬牙切齿的声音。蜘蛛被风吹落，掉在我脸上。时间虽已进入5月，但在海拔3000多米的山上，我的身体还是颤抖了一夜。

南斋公房是西南丝绸之路茶马古道，也即"蜀身毒道"上的一个古旧驿站，处于高黎贡山之巅。毒道之"毒"，在高黎贡山段充分体现了出来。一是路长且陡，海拔从1900米直升到3200米。单是从旧街到南斋公房，我上山就花了8个小时。当然，几只环颈山鹧鸪和黄颈啄木鸟，以及纹胸斑翅鹛占了我一个多小时。二是动物凶猛。蚂蟥、蛇、虫、毒蛛是小菜小碟了，整条路上不断有醒目的标牌提醒："熊出没，注意安全。"我对阿满说，如果能碰到熊就好了，我要好好拍一下它。阿满立即吓得黑脸变白脸："老师，您可千万不能开这样的玩笑！""您千万不要再说那个字了，很灵的。"阿满一再回头警告我，说村里谁的手、谁的脸都是被"那个"伤了。黄昏时我在南斋公房正好碰到向导老杨，他常年在这条道上行走。他说山里有两种熊，一种是黑熊，也就是大家熟知的狗熊；另一种是麻熊，即棕熊。他至少在这条路上碰到过三次熊。在懒板凳那一块，有一棵倒下的大树，树上的一个大洞就是熊的窝。老杨还说一般熊看到人都会主动走开，但带小崽的和曾经受过人攻击的熊会主动攻击人。南斋公房也不排除，因为这里有徒步客和马帮抛弃的食物垃圾，熊可能会上来翻食物吃。

也许这个季节山中食物充足，晚上熊并没有来。第二天凌晨5点，我和先前上山的小范、小唐、小彭、大彭一起出发，留下阿满在家：捡柴烧火煮饭守行李。不得不留下一个人。前一日，小范他们到山中巡视去了，一回来饭锅竟然不见了。没办法，他们几人半夜翻越高黎贡山，来回20公里跑到腾冲的林家铺子才又买了锅回来。

图 85　纹胸斑翅鹛

翻过山顶,我们并没有沿古道走,而是钻进了箭竹林。古道虽不好走,好歹也有条路,且重铺了石板。箭竹林是纯野生林,密密麻麻,不但没路,有一点空隙都被苔藓填满了,稍不留神就被卡在竹子之间动弹不得。小彭用随身带的一把柴刀砍出来一条极窄的通道。借着手机光,看见苔藓一般只裹在干了的竹枝上,竹林下是重楼的天下。重楼是云南白药里的一味重要药材,好一点的可卖 300 元一斤,往往是采药人搜寻的重要目标。后来,不只是采药人,连种玉米的、打工的、开矿的、掏蜂蜜的、砍柴的,都纷纷加入挖重楼的队伍,他们四个都挖过。挖重楼的人在山

图 86　黄颈啄木鸟

中搭帐篷生火做饭,绵延几十里,非常壮观。现在那些曾被狂热地挥起的锄头和铲子已通通生锈。一则是政府对重楼保护,不准私自采挖;二则,人们的工具都换成了望远镜或方向盘,挖药人改行当了鸟导或者司机。

他们四个都是本地人,在竹林中穿行如同老鼠似的灵活。我拄着一根拇指粗的杜鹃树棍紧随在他们身后,实在爬不上的地方就抠着大彭的背包肩带,让他带我一把。

约在竹林中穿行了一个半小时,我们钻入了灌木丛。灌木丛处在斜坡上,可隐约听到山中小鸟梦呓似的歌声，其中还夹杂有青蛙的鸣唱。如同歌剧的序曲，小鸟的声音只持续半分钟便突然沉寂下去了，像是躲到幕后睡回笼觉去了。很快，山谷里又响起一连串低沉而杂乱的声音，很像切换电台时的噪音。在起伏的音波里，渐渐出现一种很特别的声音，像是来自地球的另一端，很遥远。"哦——哦——哦"，声音并不高亢，如一连串拉长了的优美的咏叹调，缓缓穿过层层叠叠的岩石的通道，显得空灵而缥缈，在冷冷的空寂中隐隐还有些回声。这样优美的曲子持续了15分钟后，小鸟又跳着蹦着再次出场，山谷里到处都充满甜美的歌声。

  天空开始亮堂，白雾从山顶缕缕而下，如同仙女曳裙而过。连绵不绝的群山向腾冲方向延伸，两侧屹立的岩壁形状和结构变化无穷，生长着多种常绿植物、苔藓植物、蕨类植物，以及开花植物。开花植物以高山大杜鹃为主，它们在这片山谷的规模不小，到处可见一丛一丛，或大红，或粉红正盛开的花朵。花瓣满载新鲜潮湿的露珠，充满迷人的生机和光华。

  我们静静地站在斜坡上眺望，好几只火尾绿鹛从灌丛下跳出，在杜鹃花间飞来飞去，将那漂亮的红尾巴像折扇似的反复打开。有一只雌鸟更是直接落在我头顶一根灌木上，纤细的双脚脚趾勾起，轻轻地搭在灌枝上，很有节奏地上下跳动，颇有钢琴大师的风范。

  在火尾绿鹛起劲地弹奏时，咏叹调忽然再次在山谷中回响，小范循声找到了声音的来源，在我们左前方岩石坡的那片山谷里。

  一行人迅速朝岩石坡赶去，一路基本是踩着苔藓和倒下的树木往山下滑，像坐轮滑似的"吱吱吱"往下滚。大彭咕哝了一句，下山容易，等下爬上来可就有好戏看喽。

图 87　火尾绿鹛

哪能顾那么多，40 分钟左右我们到了一处壁立的崖壁。我和大彭爬到崖壁上的灌丛间隐蔽好，他们仨继续往前行 300 米去到那处岩石坡，那儿有一棵巨大的杜鹃花树，他们在那里埋伏。

我所处的崖壁如同一只巨大的海龟趴在山谷中，四周是群山的海洋。无论我往哪个方向转头，都有无数窃窃的笑语拂过双耳，那快乐的声音要把我的双耳淹没了。火尾绿鹛、火尾太阳鸟、金色林鸲，各种凤鹛甚至鼠兔在这里建立了一个采花共享平台。火尾太阳鸟的雄鸟摇曳着多情的长尾巴，像一条燃烧的红丝带在杜鹃花间飘

图 88　火尾太阳鸟

来荡去，爱情的火焰将雌鸟迷得团团转。而鼠兔就像敬业的清洁工，默默地捡起掉落在地的每一朵花，虔诚地捧着啃食，虽然绝大多数是残花。

　　大彭拎起我的相机和他们仨会合，我独自一人留在崖壁之上。咏叹调似乎越来越近，随即又是一连串高扬的男高音附和着咏叹调。激情的歌声萦绕整个山谷，让躲在大杜鹃花下的几人都扯长着脖子往这边瞭望。男高音越来越急促，鼠兔凝神倾听了一会儿，急忙吞掉嘴边的一朵花，随即又衔了一片绿叶，沿着一条挂满苔藓的灌木溜溜地跑起来。它连着进行了几个跨栏，磕磕绊绊中一抬头，男高音竟然就站在它面前。双方显然都被对方吓坏了，鼠兔立马丢了绿叶往后转，男高音埋头就往灌丛里钻。我的相机没在身边，只看清男高音高大的身躯遍布灰白色斑点，上胸通红。还没来得及看它下腹的颜色，它已翻到崖壁的另一面，再无声息。我无法确定它到底是红腹角雉还是灰腹角雉。与此同时，那咏叹调也戛然而止。

不久，我身后传来几声口哨，回头，小彭站在崖壁下朝我打手势，让我和他一起到大杜鹃花那里去。

大杜鹃花处在岩壁顶端，整个岩面覆盖的不是青草和苔藓，而是层层灿烂的花冠，靠近洼地的地方，花冠有我的脚踝那么高。他们倚在树的四角，就像四片绿叶。小唐站在最东面，将我的相机架在树枝间。我从树下钻过去，他把位置让给了我。

相机正对着对面的岩壁。从我刚才站的位置是无法看到这一处岩壁的，它像一堵长墙伸入山谷，有些小块的板岩光秃秃地从灌木和苔藓中冒出头来，大山赋予了它们极富特色的形态，如同一幅幅天然的世界地图分散在岩壁之上：中国、朝鲜、美国、日本、英国，甚至南北极都有，世界莫不就在眼前。

而在中国地图的南海区域，赫然站着一对白尾梢虹雉。听高黎贡山上老一辈的采药人说，他们以前在山中碰到过很多次"雪鹅"（当地人称白尾梢虹雉为雪鹅），没食物吃时还抓它们来填过肚子，但近几十年再也没见过。看来，高黎贡山正是以它的辽阔、博大，为白尾梢虹雉提供了天然的庇护所。

白尾梢虹雉雄鸟正深情地望着雌鸟，一声一声"哦——哦——哦"，歌声里分明带着一丝祈求。我终于搞清了一路上听到的咏叹调是怎么回事。

可怜的雄鸟，一路上唱了这么久，岩石都要被它的歌声感动得心碎了。但雌鸟的心似乎比岩石还要硬，一直别着脸背对着追求者。雄鸟有点不死心，朝雌鸟勇敢地迈出了一步。而雌鸟好像是要存心考验雄鸟的耐性，一低头钻入了灌丛。雄鸟碰了一鼻子灰，思考良久，没有再去钻灌木，而是翅膀一拉飞到了岩壁顶端。

岩壁顶端是几块巨大的花岗石，大自然已将它切割得整整齐齐。蔚蓝的天空、灰白的花岗岩、嫩黄的苔藓、柔绿的各种灌木的嫩芽，还有火红的杜鹃花已将岩壁顶端装扮得如同一间豪华的婚房。无疑，白尾梢虹雉就是帅气的新郎。它站在那里东张西望，希冀爱情来敲门。当西方山谷中的一支灌木在轻微摇摆时，它立即激动得无法控制，张开双翅，发出一连串激昂的"哦——哦——哦——"纵身跳下绝壁，朝着它的爱情展翅翱翔。它很清楚，那是雌鸟向它抛出的橄榄枝。

我们立即朝西方的山谷转移。不知道滚下了几个陡坡，又爬过了几处悬崖，约一个小时后我们到了一处岩壁前。这块岩壁就像泰坦尼克号似的伸入山谷，两块高耸的大石如同两张风帆。我爬到前面那张风帆上，将相机架在岩面上。这里只能容一个人，脚下三面都是绝壁，分分钟考验着我的神经，检验我沉稳和勇敢的程度。他们四个爬到后面那张风帆里侧埋伏。小范说，昨天白尾梢虹雉情侣就是沿着风帆下的山谷，一路往上爬。一行人大气都未敢出，全都紧盯着山谷。

约半小时后，我看到对面的斜坡上有灌木被压弯，一只毛冠鹿从山坡上往下冲。这个高黎贡山上的老居民就像山中的灌木，穿着朴素的灰衣裳。它东闻闻西嗅嗅，一路欢跳着朝白尾梢虹雉落下的方向奔去。

随着毛冠鹿的远去，谨慎的白尾梢虹雉没有沿昨天的路线走，而是翻过山谷，朝山的那一面去了。

图 89　白尾梢虹雉

空中不知何时飘着几朵黑云，预告着即将开始的暴雨。山谷很快像黄昏一般灰暗，岩壁一块一块渐渐模糊，我们立即往南斋公房赶。回程果然就如大彭所说，有好戏看。他们几个山里娃像毛冠鹿似的蹿跳自如，脚下简单便宜的解放鞋就是最好的蹄子。我昂贵的登山鞋只会扯后腿，每前进三步就要往后滑一步，万幸那根杜鹃花棍当了第三只脚。还有，大彭一再满脸严肃地对我说，他从小就在山中打猎，对高黎贡山了如指掌，但大雾大雨他也怕。因为什么也看不见了，不是掉下悬崖，就是在山中饿死冻死。每年高黎贡山都要走丢几个人，就是大雨大雾时丢的。眼看白雾追着我的屁股跑，我揪着大彭的背包一路狂爬。到箭竹林处大雨即滂沱而下，我们在湿漉漉的林中抱头乱窜，一只黄额鸦雀将巢筑在竹梢间，从它那美丽而生机勃勃的苔藓屋中探出头来，对我们的狼狈表达了一丝慰问。作为回礼，我们全都猫着腰，几乎是从它的精致小屋下蹲着走开。如果直起腰走，我们中的任何一个人都可以将它的小屋撞个稀巴烂。

大雨一直不歇，到半夜更像瀑布一般从屋角扫进来，将竹梢床及睡梦中的我一同冲到大门口。清早醒来，四周大雾弥漫，我似睡在汪洋大海中。朦胧中还感觉有海盗进屋，原来，一对赤腹松鼠趁着大雾大摇大摆进入房中，不止把房中石桌上的供品吃个精光，还把我带上山的饼干、橘子扫荡一空。剑嘴鹛在雾中跌跌撞撞地吹着口哨，声音高亢而富有穿透力，好几次那声音挟裹浓雾呼啸而来，差点就撞到我的脚。白眉雀鹛围着我点头，它们在捡食松鼠掉下的碎屑。接下来连着两天都是烟雨蒙蒙，无奈，看不到日出的迹象，已弹尽粮绝的我们只好和白尾梢虹雉说再见了。

下山经过懒板凳，我特意多瞅了那个大树洞几眼，黑咕隆咚的，不知熊到底是在里面躲雨还是到哪个山头"浪"去了。

云贵高原　　239

图 90　黄额鸦雀

北　疆

夕阳下的白湖

汽车驶出乌鲁木齐市,天山博格达峰的皑皑冰川便扑进视野。晚上8点左右的夕阳辉映着那些刀削般的白色线条,给它们冷冰冰的硬朗蒙上了一层柔和的红光。山坡上,一个蒙古族少妇带着儿子正缓缓而上,在那些岩石与浅草之下,兴许还隐藏着天山的一些宝贝,比如雪莲。路旁的一片小杨树林下,麻雀散发着迷人的气息。除了树麻雀外,还有家麻雀、黑胸麻雀、黑顶麻雀、石雀,这些麻雀界的少数民族汇聚一堂,穿着各民族的服装,讲着各民族的语言,在杨树枝上衔着细草表达着夏日最火热的激情。新疆的麻雀,如同这久久不落的夕阳,在7月里还有如此旺盛的生命力,如此浪漫地谈黄昏之恋,真让人羡慕嫉妒不已。前方,一大群紫翅椋鸟吵吵闹闹,当它们从草地上飞蹿而起时,就像一阵狂风掀起了一张阿拉伯神毯。汽车从神毯下穿过,毯里钻出的精灵就站在车窗外的大石上。它们以雪山为镜,借着斜阳,慢条斯理地梳理羽毛。阳光下,那些原本看上去一团乌黑的羽毛,像宝石般透着灰黑、深紫、墨绿的夺目光泽。

　　穿过一片沙砾台地，荒山环抱下，一汪蓝色的湖水跳入我们眼帘。远远看去，就是一粒蓝色的透明纽扣，镶嵌在一件黄色大袍之上。不用说，这就是白湖了。白湖的水来自天山北麓的泉水、自然降水和融雪。所以出身纯净的白湖，它的蓝便是非常纯粹、纯洁的，蓝得就像这7月新疆的天，没有一丝杂质，甚至让人心生一丝淡淡的忧伤。我来不及忧伤，夕阳已上西山头，半个月亮爬上坡，湖面水鸟在游弋。徐导还在用望远镜搜索，我的两肋已插上了翅膀，操起相机便往那汪蓝色飞奔。晚风在耳边呼呼作响，丛丛假木贼和红柳在沙地间纷纷向我摇曳身姿，试图勾引我驻足，但我的心思全在那片蓝色里，原谅我的无情吧。还要可怜我那老父亲，他背着三脚架，一只眼扫视湖对岸山上的反恐基地，一只眼要紧瞄着女儿飞奔的方向，双脚还要提防地上的大沟壑、小沟壑、大沙砾、小沙砾。这才开始咧，北疆绕一圈下来，我估计父亲会被我培养成一名合格的战士。

　　啊哈，两只黑颈䴙䴘正朝我们的方向游来。

　　来不及等父亲拿来三脚架，我马上卧倒，手忙脚乱气喘吁吁地端起相机就是一顿猛拍。黑颈䴙䴘不愧是见过大世面的，从北非到北疆，什么阵势没见过呢。看到我这般激动，它们不但没游走，相反还慢慢地朝我的方向靠过来。后来，它们干脆停下来，亮晶晶的红宝石般的眼睛带着神一般的迷幻，温柔地打量我。北疆的太阳啊，你永远不要落山；白湖的圣水啊，你也永远不要干涸；高贵神秘的红宝石啊，你只应属于这里。

　　红宝石的光辉尚映在我眼里，从它们身后的芦苇丛里远远地又钻出了几只白骨顶，捞水草、抓鱼，正在预备晚餐。其中一只的白头面积好似大一些，难道是为首

图 91 黑颈䴙䴘

的"白骨精"?"白头硬尾鸭!"徐导兴奋地指着它嚷了起来。

我左看右看上看下看,看了半天都没兴奋起来。就那大"白骨精",比那群小白骨顶也不会惊艳到哪儿啊。

夕阳把最后一丝余晖洒入湖面,湖水因融入了各种各样的色彩,愈发显得深情而饱满。晚风加大了推送的力量,湖水跳跃着,起伏着,舒展着欢快的旋律。那只白头硬尾鸭离开了白骨顶的队伍,正往湖中央游去。我这才发现,白头硬尾鸭竟然酷似童年的老友——唐老鸭。那是个热心肠的,一天到晚唧哩呱啦,喜欢夸大事实

图 92　白头硬尾鸭

的家伙。虽说它不是外貌协会的,其实长相还蛮有特色,甚至可以说是一只英俊的鸭,是所有 8 岁到 80 岁女性的偶像。白头硬尾鸭的整个嘴基部都是鲜亮的蓝色,而这抹蓝和湖水的蓝又是如此融洽。也许是因为它打小出生在这儿,世代喝白湖水长大,耳濡目染这满湖的蓝,才会拥有这样梦幻而神秘的色彩吧。它还在往湖中央漂去,时不时潜入水下,只留下那黄褐色的尾巴高高举向空中。当它冒出水面,那硬邦邦的尾部与身体折成直角,如同背部架着一张精致的短帆,直刺刺擎向蓝天。它张着短帆,举着一条长长的水草,就像举着一条绶带,得意地向满湖的鸟儿炫耀其收获。在满湖的讥笑声中，它回到亲爱的老婆身边，将绶带献给了它。然后不断地恭维、赞美它，让它觉得自己美得像天山的雪莲，幸福得像北疆的皇后，虽然它貌不惊人，声音粗糙。不管白头硬尾鸭在外面如何夸夸其谈，脾气火爆，对老婆从来都是温柔如水，一往情深。在它老婆眼里，虽然它从来都是别的鸟取笑和嘲弄的对象，既不会赚钱也不当官，但它从来就不是个懦夫，而是个风趣的君子。自从它们相爱以来，它老婆就紧跟它走，哪怕是出去讨米，也愿意帮它背袋子。当秋风起时，它们将结伴而行，到非洲北部海岸晒太阳。或者，飞越尼罗河谷、土耳其、波斯湾，

再到印度北部或巴基斯坦越冬。来年春天,天山的冰雪融化之时,白湖的水回暖之日,它们又将相携回到这里,再谈一场热烈的恋爱。

夕阳下的白湖,景色是如此美丽多情而辉煌灿烂。当湖畔的一处建筑工地亮起灯时,我分明听到自己心底深处的那声叹息,为黑颈鸊鷉,为白头硬尾鸭,也为白骨顶,为湖里所有外出越冬的水鸟儿。就是愿意背讨米袋子的,可能连讨米的地方都没有了。

图 93 白湖

玛纳斯河畔的英雄——勇敢的欧夜鹰母亲

在石河子睡了一晚,第二日,我们来到市郊的一片湿地,这是玛纳斯河的一段故道。一只肋骨清晰可见的牧羊犬在一群大尾羊前后左右奔波,脖子上挂着一根长长的柳絮条,估计不是大尾羊就是它主人敬献给它的哈达,一看便知是一条受人尊重的敬业犬。它用警惕的目光严厉地注视着我们。

湿地遍布红柳,淡淡的细碎枝叶衬托出淡淡的一抹粉红细碎的花,这一团粉红恰似一团淡的红雾,似聚似散,似红似绿,让我误以为踏进了某个神秘的仙境。徐导说五六月份时,红柳才叫漂亮,像铺天盖地的红地毯,现在已快凋落了。在我看来,浓烈的色彩固然夺人眼球,但团花似雾,雾里看花,这份朦胧之美也是别具一番风情的。

大眼睛的萌鸟——欧石鸻跑哪去了?从3月末开始,就有羊倌在这片湿地发现冻死的欧石鸻。5月,它们在这里谈情说爱;6月,它们在这里孵蛋。6月里,红柳的叶儿又鲜又嫩,是新疆大尾羊的最爱。大尾羊一路吃着嫩叶过来了,吃着吃着,欧石鸻从红柳丛里跳了出来,张开翅膀拦住大尾羊。眼看大尾羊一只脚就要踏过来了,欧石鸻猛地跃起,一把钳住了大尾羊的下唇。大尾羊痛得直摇头,左甩右甩,上摇下晃,跺脚摇尾,欧石鸻就像钉在它下唇的一颗螺丝钉,越甩螺丝钉就钻得越深。无奈,它退了一步,欧石鸻松了口。在大尾羊后撤的一瞬,它还是不忘捋走了那片红柳叶儿。而在它脚下前方一寸便是欧石鸻的窝,几只蛋摆在窝里。目睹这一幕的徐导和他的朋友,对欧石鸻的大智大勇佩服得五体投地。

红柳丛里找一圈,再也没欧石䳭的影儿了。小鸟出巢后长得很快,这时节,不知它们的父母带它们到哪里逛去了。

绕过一片玉米地和一片葵花地,我们来到一块小荒漠沙地。沙地上有几堆灰褐色小石块,地面稀拉拉生着一些猪毛菜、假木贼一类的矮灌木。五六月时,欧夜鹰每晚都出来唱夜曲。白天它们躲在哪儿,除了它们的同伴知道外,大尾羊也许还知情。但自从被欧石䳭咬了嘴唇后,大尾羊便保持沉默。我们对沙地展开地毯式搜索,反反复复搜了五六遍,搜到了一只烂鞋子,5 块玻璃碎片,10 个塑料袋子,20 堆羊

图 94　欧夜鹰

粪，30 只蝴蝶，100 只蚂蚱，就是没找到欧夜鹰。这时跑过来一位穿迷彩服的羊倌，指着我脚边的一丛猪毛菜，"它就在那儿！"

猪毛菜旁有一小丛干草，我看了半天，只见一块灰褐色的石块卧在那里。我们反反复复在这石头边绕圈子，这样的石头在玛纳斯河畔数以亿计，它竟然就混杂其中，一直趴在我们脚边睡大觉。当然，它完全可能是假装睡觉。一块石头，没想到，它既是一个杰出的歌唱家，还是一个隐蔽技术极高的"军事专家"。

我小心翼翼蹲下，眼睛死死盯住它。我不得不死盯着它，只要我眼睛移开，哪怕只移开半寸，就又得花半天时间去仔细分辨，到底哪块是真正的石头，哪个是它。它在光天化日下闭目养神，周围暗灰色和浅黄色的枯草，以及乱七八糟的石头与它翅膀的颜色一模一样。它们形成一个整体，这个整体无论从形态还是颜色都是不可分割的，像一艘挪亚方舟，坚不可摧。在我们欣赏这艘"挪亚方舟"时，它突然睁开双眼。它在地面上拖着翅膀向前起飞，翅膀将地上的干草和落叶都扇了起来。我正在惋惜它就要与我们再见了，它却只往前飞了不过四五米，然后回头楚楚动人地朝我们一下一下地扇着翅膀，像拍掌欢迎似的。它难道还舍不得与我们说再见？我立刻欣喜若狂地向它走去。然后，身后的徐导吹了一声口哨，我回头一看，徐导指着欧夜鹰最初的隐藏处：两只毛茸茸的幼鸟！它们本来藏在母亲温暖的腹下，母亲突然离开，7 月的强光一下罩住它们。它们尚未睁开眼睛，头部就像两朵灰白色的蘑菇在风中乱摆。看到我折回头，欧夜鹰竟飞回来朝我热烈地舞着翅膀，像是一个落魄的演员在观众纷纷离场时卖力地折腾着，求观众欣赏它的表演。我看了它一眼，它立马跌跌撞撞又往前飞行了一小段，再次疯狂地扑打翅膀，一只脚还断了似的在地上拖行着。刚才还好好儿的，怎么脚就受伤了？它只是以自己受伤来努力诱骗我们离开它的幼崽罢了。"你要抓就来抓我吧,求求你们,不要去伤害我的孩子"。我们立即想到了欧夜鹰的心思,马上后撤,迅速离开了这里。对那个英勇的母亲,我内心充满无限的敬意。

我的良心很有些过不去,为打扰到它们而觉得万分抱歉。一路上,我一直很担心那两只幼鸟的命运。当我结束整个北疆的行程时,徐导告诉我,他朋友在那块沙地上见到了那两只夜鹰"娃子"(新疆人对幼崽的爱称),它们可以飞十几米远了。我心上的一块石头方才落地。

"百倍激动"——白背矶鸫

塔城的沙湾,一大片砖瓦结构的矮房子,土坯垒的围墙东缺口子西缺角。这是一个废弃的水泥厂职工老宿舍。

房子周围长着茂盛的杂草,路皆隐于草。草丛间躺着生锈的铜锁、掉了把的铁锹。我们在草丛间穿梭,徐导一再提醒我要提防这些杂草,它们可会咬人。这些灰不拉叽软绵绵的杂草难道还生了牙齿不成,会有湖南的鹅公刺厉害吗?那可是扎人不见血的东西,最调皮的顽童都得在它面前下跪。那股异香确实让我前行的脚步迟疑了几分钟,我捋了它的籽在掌心搓了几把。就在我即将迷醉沉沦之时,普通朱雀在枝头轻轻一跃,那一抹猩红及时唤醒了我。我转而去追寻朱雀的美丽,胳膊突然被某种神秘的草拽住了,或者说是遭到"袭击"了。整条胳膊都是一条一条的手爪印,火辣辣的痛感沿着每条手爪印一点一点渗入肉中,让我冲动得差点就要剁了整条胳膊。这种袭击人的楚楚可怜的植物叫荨麻。它怎么单单就袭击我呢？"因为你是湖南人！"徐导大笑，"它和湖南人有仇！"难道是我身上充满了辣椒味，它把我当敌人了？

榭鸲站在围墙的至高点上，花白的肚皮全裸着，冷冷地瞅着我，一副对我被荨麻咬了幸灾乐祸的表情。灰白喉林莺倒还有点同情心，连忙从灌丛底下跑出，眨巴着大眼睛对我的受伤表达了一丝慰问。一棵老榆树的老根底下飘来新疆歌鸲十分关切的声音："姐姐姐，哦——姐姐姐……""痛不痛，痛不痛，痛不痛？""哦——宝贝儿，宝贝儿，宝贝儿，莫哭，莫哭，莫哭……"就像喉咙装了弹簧似的，那弹簧还配了一部微型发动机，悦耳而轻快的歌声绵绵不绝地送入我耳鼓：像清新的空气，像清澈的山泉，让我如身处人间仙境。仿佛它的歌声是由电子琴、钢琴、吉他，加各种管乐器、铜管乐器组成的新式乐器发出的音乐；它饱含了王菲的空灵洁净，席琳·迪翁的辽阔空旷。这样高超的演唱技艺足以让全世界为之沉醉，就连百灵鸟那样的歌唱皇后也只能顶礼膜拜。百灵鸟的声音虽然也持久，但它的歌声显得过于刺耳，不够甜美，旋律也单调太多。然而，这样一个"巨星"却是十分低调，一般白天极少出场，徐导跪着趴着许了一百个诺，十八般武艺都用光了，"巨星"蹲在那里就是不出场。最后只扭扭捏捏在盘根错节的树影里给出一个极度模糊的身影，让我望穿秋水方才将它的美好形象与树根错开。不过，能听到它那绝世美音已让我冲动的心情平抑许多，连被荨麻咬伤的痛感也只像被蚂蚁咬了，就别再强求其他吧。

太阳已高悬头顶，我们朝下一个目标出发。

玛纳斯河水在太阳光下发着熠熠的光芒，一路走来，这一带才见哗哗的河水，河中遍布沙洲。河岸有一座石头山，山上长着一大片古老的榆树林。有很多树枝叶茂密，树身却密布光秃秃的小洞，恰似能说会道的掉光了牙的媒婆的嘴。这"媒婆"很厉害，无数对猛禽都被它撮合，到最后，它直接将秃嘴变成小猛禽的洞房。做媒做到这份上，应该给这些榆树颁一个"中国最美媒婆"的奖项。半个月前，一对红角鸮娃子就在某个洞房里出生。我们拜访了每一棵大树，每一颗石头，除了见到燕隼和喜鹊在争一棵榆树的主权外，树林里静悄悄的。翅膀已硬，媒婆被甩了。

好吧，打道回府。柳条儿还在飘，一阵风过去，柳条儿间似闪出了一个小花篮，难道是花仙子摘了什么花藏在这儿？徐导说这是白冠攀雀的巢。鸟巢？这分明是一个白色的小花篮啊。我见过的鸟巢中，喜鹊的大气但粗糙不堪，用料极不讲究，木棍布条麻绳草绳，应有尽有；麻雀在屋角檐下用鸡毛塑料稻草做窝；燕子用泥巴筑半只碗；鹭们在杉树上随便搭几根小木棍；最为精致的数棕头鸦雀的，虽然也是用的乡间材料，但做工还算细致精巧，像美怡乐的招牌蛋挞。这个鸟巢建在河畔的柳枝儿上，单选址就显得既有点罗曼蒂克又带点儿高瞻远瞩的味道。就是蚂蚁，要爬到那水中的柳条儿尖上都得掂量掂量后果。主材是新疆大尾羊的羊毛，多么高级的羊毛！再看那副材，显然就地取材用的柳条儿，但柳条儿全都剥了皮，那得花多大的功夫！再看工艺，先是织个大圈儿，再一圈一圈织，一环一环绕，一节一节穿，一段一段缠，这应该是民间手工艺术家的集大成者。兼有木匠师傅的设计，篾匠师傅的技术，织匠师傅的手工，裁缝师傅的缝艺，漆匠师傅的画功，弹匠师傅的手法，石匠师傅的细致，插田师傅的轻巧。这样身兼百家之长的艺术家在民间几乎消失殆尽。在我们为民间艺术家的消失而捶胸顿足时，万幸，鸟界的规则并没有因时代改变而改变。它既不会以挣钱也不会以职位高低来衡量价值，只要会采花、会唱歌、会做窝就行。做的窝越漂亮、越牢固，越能收获到理想的爱情。眼前的鸟巢，是鸟窝界的顶级建筑，并非众鸟娱乐的会所，只为所爱的鸟而建。现在，它们爱情的结晶已长大，顶级建筑也就完成了使命。明年，它们会再来，将它们的爱情、欢乐，密密地再重新编织一遍。

　　白冠攀雀没见着，它那个精致的织巢却着着实实让人叹服不已。

图 95　白背矶鸫雌鸟

我们转而奔向东大塘,这是来北疆后到的第一个收门票的风景区。景区人山人海,哈萨克的毡房里音乐震天响,姑娘们骑在马上大呼小叫,小溪里到处是挽着裤管的大爷。悬崖上一座人工雕刻的大佛俯视众生,而去参拜的人群如蚂蚁般兴奋地蠕动,整个景区就是一片激动的海洋。我的心也在激动着,这么漂亮的景区,怎么没鸟?

下山途中,很意外,有两只小嘴乌鸦一直跟在我们车后。对于小嘴乌鸦,父亲心下是有点忌讳的。在这陡峭的山路上,他担心它们那张嘴乱叫乱说。当它们站在

图 96　白背矶鸫雄鸟

一根电线柱上不停地张嘴大叫时,我心下也生了一丝忐忑,于是我们下车去探究。我坐在一根倒下的大枯木上,观察乌鸦的动向。这时,我前方出现一只小鸟,腹部灰中杂一抹淡红,全身密布栗色小波纹,看去颇为朴素。它在草丛与灌木间忙忙碌碌,不大一会儿嘴里就叼了三条大虫子。然而,它叼了虫子却一直举着,傻傻地站在我前面的一根木桩上。站了一会儿又双脚轮流着站,像短跑运动员听到了发令枪的指示一般,随时准备着冲锋。我觉得很奇怪,那三条虫子不过是很普通的青毛虫嘛,值得它这样炫耀吗?百思不得其解时,身后跳出来一只漂亮的小鸟,橙红肚皮灰头黑翅膀。它围着我不远的区域活动,一会儿跳到羊粪球上高歌一曲,一会儿站到青草堆上跳舞,一会儿蹦到另一棵枯树上翻筋斗,还有几次尝试着要站上我坐的枯树枝。我被它的精彩表演吸引,慢慢走向它。它也好像对自己能吸引到我的注意而兴奋,更加得意地边跑边跳,还跃上一块宣传牌唱了一首山歌。我跟过去,它跃上了一个琉璃瓦屋顶,在那唱出了一连串的赞歌。这时,乌鸦不合时宜地亮了一嗓子,听去像嘲弄的大笑,这让我突然记起那只朴素的小鸟。回头一看,它举着那三条小虫冲到了我一直坐着的那根枯木上。枯木下,钻出三个毛茸茸的小脑袋。

原来这两只鸟是一对儿。雌鸟不敢来喂食,漂亮的雄鸟便设法诱骗我离开那棵枯树。

这是一对"白背矶鸫",徐导告诉我。

"百倍激动?"啊,真是百倍激动。我的手竟然也激动得不再疼痛,那"九阴白骨爪"留下的伤痕居然也消失得无影无踪。

"佛法"无边——蓝胸佛法僧

北疆真大，我们转悠了两天，还在塔城的荒漠山地间打圈圈。

正午的天空没有一丝云彩，是真正的万里无云。我之前在内地所见，其实也就是视线所及范围，充其量算是十里无云。随着近几年雾霾天气的增加，十米无云都算盛况了。进入北疆，我才真正体会到这一词语的真正含义。当然，也有例外。在石河子市区，我们就在一片黑云之下掩鼻穿行了二十几里。天上本无云，那些林立的烟囱，硬生生将石河子城上空遮黑了一半，我差点就窒息在那片黑云之下。

没有云彩的遮挡，阳光更猛烈，空气像凝固了似的。我们沿大路往里走，路旁有矮的灌木，灌木后方是大片的向日葵地和酿酒专用的葡萄园。灌木丛中间或插有高高的新疆白杨，白杨叶片有点耷拉，好似要打瞌睡的模样。汗水从从头到脚的每个毛孔里涌出来，我的衣衫却始终是干的——汗水还没到达皮肤表面就蒸干了。在这样的热浪里，没有蝉的鼓噪声，没有蜜蜂的嗡嗡声，远处传来一声摩托轰鸣，在旷野里听来无异于一架起降的直升机。在这样毒辣、残酷而窒息的空气里，灌丛里竟然蹿出了一群凤头百灵。它们在大路上一边放声歌唱，一边缓缓而行。阳光洒在它们身上，只留下尾巴尖一丁点大的阴影。透过鞋底，我仍能感觉到沙粒的热情，它们的纤纤小脚只怕会直接熔化在大地上，整个儿烤成一道"红烧百灵"。然而我的担心似乎是多余的。它们在路边打打闹闹，一会儿捡颗草籽，一会儿捉条蚱蜢，哪还记得有烈日？这让我想起小时候，我赤膊赤脚，头顶烈日走在乡间泥沙石头混杂的小路上，眼里只有圳里的小鱼、田间的青蛙、草丛的蚂蚱、花间的蜜蜂，甚至还有那趴到我腿上吸血的蚂蟥。阳光有多猛呢，只晓得一个夏天下来，全身上下脱了一层皮，上了一层釉。

并非个个都有百灵这样不怕热的本事。百灵头顶的电线上，一只大杜鹃便半拉着翅膀扯着脖子直哼哼，声带像被阳光烤焦了似的，有半个音节老卡在喉咙里出不来，听来如同风烛残年的老人扶着拐杖呻吟。在湖南，大杜鹃的"布谷，布谷"从3月底开始即在山谷里响亮回荡。它的叫声是乡下开始早春种谷的信号，但它的尊容我家祖宗三代都没见过。在北疆，一路所见，大杜鹃到处都在布花布草，布瓜布果，布羊布马，却独独不布谷。

前方出现一小片掉光了叶的白杨，只剩光秃秃的花白枝丫，给人一种历经沧桑而风骨犹存的感觉。其中一根枝丫上挂着一顶极其漂亮的维吾尔族花帽。热烈的阳光下，花白的光枝衬得本就色彩鲜艳的一团更让人目眩，让人心弦无比震荡。这是一个多么充满阳光和希望的美丽世界啊。那顶花帽会落到哪个幸运儿的头上呢？花帽在转动了，花帽眨眼了，啊，花帽还有一个长长的钩子，钩子钩住一只花蝴蝶了。啊哈，那花帽是一只黄喉蜂虎！比之我在内地见过的蓝喉和栗喉两种蜂虎，在色彩的搭配、饱和度、明亮度上都上了更高的层次。尤其是它喉下那团明亮的黄，在蓝绿色胸腹的映衬下，更显得鲜艳夺目。那是黄色和绿色最自然、最完美的搭配，就像绿油油的向日葵地上，迎着太阳盛开的金灿灿的葵花。或许它喉下那抹金黄，正是北疆无边无际灿烂的向日葵之花漂染而成。而维吾尔族那顶招牌式小花帽，又何尝不是借鉴了黄喉蜂虎的那身艳丽呢？

路边的一个小沙坑是蜂虎的家，坑坑洞洞里住着好几户。沙坑30米外住着好几户农家，农夫种瓜种花，蜂虎抓蜂抓蝶，相安无事。当然，有这样美丽的邻居，就

图 97　蓝胸佛法僧

算它抓几只蜂蝶，与那绝世容颜相比，又算什么呢？

我们沿着山路继续往里走，黄昏时分到了一个山谷。山谷仍以沙地为主，簇生着一些骆驼刺和猪毛菜，远远看去有了一层浅浅的黄绿色。我也说不好这到底算是荒漠还是草原，因为在又稀又矮的草地上还有几匹瘦骨嶙峋的马在悠悠地转。前方甚至还有一个用泥巴、草及几根大树枝筑起的羊圈，其规模和建造工艺丝毫不亚于我们八十年代初的乡下小茅屋。羊圈里还不知关了多少只大尾羊咧。沿路安了篱笆，用铁丝串了起来。常常可以看见一只两只的蓝胸佛法僧站在篱笆桩上。500米，200

米，100米，10米，5米，我们的车已到它脚下，它竟然还不走，就站在桩上，用大眼睛好奇地打量着我们的车。它在纳闷儿，明明远远的一只小黑甲壳虫沿着地面飞过来，到了眼前怎么就变成一只大恐龙了？这恐龙咋还呼哧呼哧喘粗气了，咦？屁股咋还冒烟呢？它百思不解，脑袋左转右转上转下转，这恐龙哪来的呢？它可能不知道，车里有一个人对它伟岸的身躯和那身漂亮的宝蓝制服，还有这个怪里怪气的名字都充满了兴趣，就像它对这只"恐龙"的兴趣一样。

佛法僧目的鸟类个个美若天仙，前面所说黄喉蜂虎便是，但直呼佛法僧之名的只有一两个，蓝胸佛法僧是其中之一。

佛法僧对我们的车研究透了后，觉得这个恐龙没有实际意义，既不能吃，还不能攀着歇个脚，还老吐黑烟。它"哈哈哈"，大笑三声，顺道在草地上捉了个屎壳郎，朝羊圈顶飞去。它高举着战利品站在羊圈顶上，脚下的草屋顶缝隙中传来几只雏鸟的欢呼声。它站在那里缓缓地转着圈，一边在思考着要如何分配这份晚餐，一边警惕地注视着一只黄脚隼的动向。

那只黄脚隼对佛法僧的生活表现出了一种不自然的冷漠。它不吭一声，站在羊圈侧面的一根树桩上，眼里满是嘲笑。它早就知道佛法僧把巢安在草屋顶的缝隙中，它虽然也喜欢雏鸟的美味，但它最中意的还是草地上的老鼠。它觉得佛法僧大可不必对它藏着掖着，还防着它。毕竟，它们还是这草地上的老邻居咧。它鼻子一哼，得，我不妨碍你喂食了，我还要赶在落日之前再找一只蜥蜴回去咧，翅膀一拉，飞了。

草地上有一个断层，形成了一道深而长的土沟。土壁上有一些坑坑洞洞，黄脚隼的一只幼崽待在一个小洞口，羽毛都长得差不多了，但还不够丰满。它的脚已经很强健，迫不及待地跳出洞口，在沟底散步。我们经过土沟时，恰巧碰到了它。它倒也不害怕，两只圆滚滚的眼睛勇敢地和我们对视。在它头顶不远处，另一只佛法僧正在沟边抓屎壳郎。它发现了这一幕，立刻丢了屎壳郎一声尖叫，向空中报了警。然后，黄脚隼不知从哪里跌跌撞撞赶回来，大叫着向我们冲过来，不停地在我们头顶盘旋，直到我们撤退，才急忙钻入沟底。沟底下立即传来一阵扑腾声，大概是它在教训那只幼崽。

两只佛法僧站在羊圈顶上，嘴里各叼着一只屎壳郎，这与人类佛家宣扬的"佛，法，僧"的生活相去甚远。但管它呢，我就是爱羊圈和屎壳郎，这才是我要追求的快乐生活。

戴胜与毛驴

北疆的天，向来是晴朗而通透的。车子转入塔城的乡间大道后，高高的白杨在阳光下显得很是秀美挺拔，片片绿叶都泛着柔和的光，就是在车窗内，依然可以数清每张叶片的脉络。马路两侧农户前后院，红李子、黄李子在车窗外频频向我们招手。更有热情的，你一开窗，它们便直接投怀送抱。院墙内葡萄架上，红的、绿的、半红半绿的、一串串沉甸甸的果子，都朝着路边挤眉弄眼。院墙上站着几只红的、灰的、不红不灰的斑鸠，在望着葡萄深思。若要想知道这些葡萄的色香味如何，它们可能是最有发言权的。院角的枯树杈上有几只黑顶麻雀在打闹，院子里羊嘶马叫，还有毛驴跳。毛驴的屁股底下有几只长长的嘴巴正在一个劲地捣鼓。院门大开着，我好像觉得没有必要去犹豫考虑某些问题。我跳下了车，蹲在院门口，开始研究毛驴和长嘴巴的关系。

毛驴站在院门旁，嘴里慢慢地嚼着草，不时眨巴着它的大眼睛，仿佛这味道妙不可言，值得反复回味。它在院门口徘徊，思念着外面的世界，也许还在幻想着是否会有第二个阿凡提带它去环游世界；也许还在幻想着有朝一日能像那个远亲——藏野驴一样，可以在荒漠上撒欢儿，可以在河里打滚，还可以和野马赛跑，和北山羊聊天。

现实就在它的脚下，它拉的粑粑和地上的泥沙混为一色，灰中带着黑，和它身上的皮毛颜色极配。还好，它的世界里还有另一群朋友——五只长嘴巴鸟，戴胜一家子。戴胜夫妇带着仨孩子在毛驴的脚前脚后不停地忙碌，头上漂亮的花冠一上一下地抖动，好似在为它点赞。毛驴的长相和品质皆是憨厚朴实的典范，这确实值得点赞，而且值 100 个赞。但据我仔细观察，戴胜表面上是为毛驴的长相和品质点赞，实则更多的是为毛驴拉的粑粑——驴粪点赞。它们在驴粪里精挑细选，"叭叭叭"长嘴巴甩驴粪渣的劲儿一点也不输啄木鸟在树洞里刨虫子的利索，就像老农撒肥料般老练。它们全身糊了一层泥浆粪浆灰浆，像掉入凡间的天使。哦，不，是掉入粪坑的天使，沦落民间的皇妃。而戴胜好像还取得了在驴粪堆里扒拉的独家专营权，有几只家麻雀在驴粪堆边上蹿来蹿去，无论如何都拢不了边。戴胜的长嘴不时回过头来狠狠地朝着它们，"你们过来试试，老子戳死你！"戴胜转头的当口，它们马上跳过去，试图在那粪堆里找到一两个宝贝。但是毛驴一边"嗷嗷"厉声警告，一边将蹄子朝着地上狠狠刨了几脚，"你们过来试试，老子撂死你！"黑顶麻雀也想来赴这驴粪的盛宴，无奈戴胜太强势，毛驴又太偏心，只好站在电线上，仰天长叹。

在我的印象中，戴胜一直是让人仰视的鸟儿。只有绿油油的草地，如茵的大树方才配得上它高贵典雅的形象。而甘愿在毛驴面前称臣，为驴粪点赞，实在让我觉得有"鲜花插在驴粪上"之感。这驴粪得有多大魅力，有多足的营养啊。而毛驴容不下几只麻雀，只给戴胜特权，最大的可能性是戴胜会点赞，麻雀只会吵闹。毛驴就是真蠢，也不会厌恶喜欢给它点赞的鸟，特别还是只超级无敌大美鸟。

我跪下一条腿，也为它们点赞。

图 98 戴胜

"蚂蚁踏死"牧场

北疆的路条条都修得好。就算不是高速公路也是按照高速公路的标准修的。跑了好几天,路上没有碰到一个坑,没有碰到修路的,更没有碰到一起车祸。

路侧的广袤大地上出现了一辆又一辆红色的抽油机,正忙着从地底下抽油,远远看去好似无数红蚂蚁向着大地磕头。这些"磕头机"的出现标志着我们进入了克拉玛依。"克拉玛依"系维吾尔语"黑油"的译音。顾名思义,这是一个富得流油的城市。整个城市给我的感觉就是干净、富裕又极富朝气。我很希望,那些让这个城市闪亮增光的黑油就像天山的冰川,永不消融。

第二日清早,我们赶了近百公里路到了托里的一个镇,铁厂沟镇。林立的烟囱和滚滚的黑烟告诉我们,这是一个以煤炭→电力→金属冶炼→建材循环经济发展模式起家的新型城镇。我们大老远赶来这里并非要参观此地企业,而是一路上都没有一个加油站,只好到这个镇来加油。北疆一路见过无数小镇,唯独记得此地,一则是那滚滚的黑烟,二则是那天的早餐。那是我来北疆后真正吃过的一餐可口满意的早餐。之前那段时间吃过的五花八门而又昂贵无比的早餐远远不及这顿简单便宜又美味。在我回湖南很久之后,每每想起都口水长流。其实就是一碗豆腐脑配两个素菜包子。豆腐脑上点几点碎咸榨菜粒,几根香菜,几点葱花,一撮蒜泥末,一抹香油,一滴酱油,又香又白又甜又咸,既嫩且滑还烫,喝起来还有点嚼头。我感觉之前几十年喝的豆腐脑都只能算是豆腐渣。事后细问徐导,才知这豆腐脑美味的秘密在于用的豆子都是北疆种的豌豆。我方才想起一路上那些大片大片的玉米、西瓜、

图 99　旱獭

葵花、葡萄地中，间或闪过一两块豌豆地。一律淡绿色的苗，横七竖八地拱着，开着淡蓝色的花，毫不张扬。

　　早餐后我们从铁厂沟往额敏方向去，塔尔巴哈台山朝我们敞开胸膛。山体并不很高，呈现出一派深沉、饱满、幽暗而又略带忧郁的靛蓝色。山窝窝里尚藏着几点白雪，雄壮、优美、秀丽等词它通通不配。它层层叠叠，绵延不绝，消失在哈萨克斯坦边界线上。想不到的是，这样普通的山里却"藏龙卧虎"。早几年一位先生开车从此地路过，突然发现草场上有个棕黑色的大家伙正在闲逛。当时，车中几人都以为是一只藏獒，走近才发现原来是一只棕熊！棕熊我倒是没碰到，但碰到了这里一个招牌动物。"塔尔巴哈台"本是蒙古语，意为旱獭，因地多獭得名。我们在翻越山岭时，山岭顶部的一块巨石上，一只集合了狐狸、狼及野兔、野猫、野狗、棕熊等所有缺点的混合体动物趴着，结实得胜过举重运动员的胳膊慵懒地搭在巨石上，身上的露珠在清晨的微光里发出钻石般的光芒。土黄色的皮毛看上去和趴着的岩石色彩简直一模一样，如果不是那个悠长而深远的哈欠，我会把它看成是大岩石上的一块小岩石。我将这些特征描述给徐导听时，徐导说那十之八九便是旱獭。当我们下到山谷底部，回头再看山顶，巨石上竟然还有半张着嘴的旱獭的剪影，不知是那个哈欠还没打完呢，还是它又打了无数个哈欠。无论属于哪种情况，都只能说，旱獭的生活是幸福的。它在充分地享受日光浴后，再回到山谷中享用美味的早餐。它定要吃到肚子圆溜溜胳膊圆滚滚才罢休，这样才会有充足的精力去追求它的爱情。

　　天空将浅玫瑰和浅紫葡萄色洒向大地，换上了一身纯蓝底缀白色大花的裙子。阳光穿过塔尔巴哈台山的穿窿丘，洒向山下的夏季牧场，将牧场分隔成明暗两部分，牛、羊、马就像蘑菇般装点着草原。一个巨大的风车阵排山倒海般扑向我们。那些身着白色风衣的壮士正对着山谷，对着草原，缓缓地挥袖长舞，颇有指点江山的气派。这种大气磅礴的美连一路上对北疆风景一声不吭的父亲竟然也攀着车窗一边凝视一边又是吹口哨又是唱歌："蓝蓝的天上白云飘，白云下面羊儿跑……"

　　进入牧场，第一个向我们打招呼的是兔尾鼠。整个北疆草地上，从天山山脉到阿尔泰山山脉，它们远近闻名，大名鼎鼎。牧场上一个一个的小土堆便是它们的杰作。爱它的视之若生命，恨它的想要了它的命。第一眼见到那圆滚滚的兔子尾巴，我高兴地大叫:"兔子,啊,野兔!""野兔?那是老鼠!"徐导大笑。那长着兔子尾巴的老鼠一转身,两只前爪交叉在胸前握着,嘴里吧唧吧唧咀嚼着根青草,朝我们打了个恭,真搞不清到底应该唤它作兔子还是老鼠。当它安静地蹲着摸着胡须思索它的罪孽或者未来道路时,那神气的尾巴朝天耸起,连新疆大尾羊也要对它的尾巴顶礼膜拜。但是父亲一个喷嚏便吓得它抱头乱窜。眨眼之间,就只能看见短尾巴在草丛中像大海上的航标般上下沉浮,头俯着,胡须根根张扬。时而,短腿凌空一跃,跨过短草,越过沙地,所创造的跨栏纪录连刘翔都要眼红。时而,它又来个360度大回环,在你眼皮底下消失得无影无踪,只有草原上的风才搞得清它到底游向了何方。

徐导指着这片牧场说,它叫"玛依塔斯"。

"什么?蚂—蚁—踏—死!"蚂蚁,蚂蚁在哪儿呢?

王的盛宴——黑耳鸢与乌鸦的聚会

"蚂蚁踏死"草原上。

在我们右前方,横亘着一个巨大的新式武器。与白色风电机比,它就是一个黑色的"变形金刚"。黑金刚脚下装着两个比飞机轮子更高大粗壮的橡胶轮,粗大的横梁上装着几个探头式的东西,大家都猜不出那是啥玩意儿。据我有限的舞台经验,按这架势和规格,应该是为草原上庆祝盛大节日而搭建的舞台框架。有两只最大的探灯缓缓转动,让我误以为草原大戏即将开幕。而大探灯转到正面时,才发现大探灯原来是俩"座草雕",它们目光辽阔而深远,眼神咄咄逼人。无论是谁发明了"犀利"这样严肃的辞藻,我可以肯定,他是看到了"雕"的眼神而有此创意。

一山不能容二虎,一根横梁却可以容两雕。左侧是一只黑耳鸢。在北疆,只要你颈椎够好,仰视蓝天,基本上都能与它们四目交接。右侧是只深色的靴隼雕,与体格健壮强大的黑耳鸢相比,稍显单薄,但它的装束更具现代气息。单是那双及膝的毛茸茸的长筒靴,便为它时尚增色不少。它们蹲在那里,就像王者坐在大殿之上,草原上的一切生物,牛、羊、马、兔、鼠、狼、蛇、狐狸,都是王朝的臣民。它们可以与民同乐,共享"蚂蚁踏死"的蓝天碧草花香。它们用"犀利"的眼神告诉我们,我们都是外来入侵物种,请退离它们的领地。

谁肯轻易退出!能退出那就不叫人了。

言归正传,两个"大王"企图用眼神逼退我们的策略没有成功。靴隼雕显得有点烦躁了,开始向左转动脖子,弯腰,脖子向上拉伸;向右转动脖子,弯腰,屈膝,脖子向下拉伸。反复三个来回后,双翅往后交叉打开,全身往下一沉,一副刘翔即将起跑的模样,结果它丝毫不顾黑耳鸢的感受,毫不客气地拉了一大泡屎,接着再双翅一拍屁股去赴一场午宴了。黑耳鸢带着一份无奈,一份沮丧,或者是一份别样的心情目送它高飞,然后举目眺望,扫视着无边无际的草原,搜索着令它激动的新奇事物。

远方一大群乌鸦铺天盖地地嘎嘎大叫。又出啥新鲜事了,让它们那样大喊大叫的?难道还真有那吃人的棕熊不成?我倒是做梦都希望能会一会那庞然大物。结果梦还没开始,车子却先"呜呜"怪叫不止,我们陷入了沼泽动弹不得。大多出了交通意外,总会有一大群围观的热心人。想这草原上,荒无人烟,结果还是引来了一大群好事客。几只兔尾鼠便在车前车后忙忙碌碌,指指点点,估计想把平日在草原上钻洞修路逃生的经验指导给我们。可惜语言不通,无法沟通。一大群黄嘴朱顶雀"啾啾啾"在草原的铁篱笆丝上跳来跳去,好像是要指引我们往那边打方向盘,结果小张师傅往那边打了两把后,车子却陷得更深。小短趾百灵在车辙印里背着双翅大步溜达,也来凑热闹。草丛里,西鹌鹑阴一句阳一句的,言语中满是无法掩饰的嘲笑。

后退一步海阔天空。小张师傅深刻地理会了这句话的内涵,在前进无望的情况下,他将车往后退,退了几十米远后,终于退出了沼泽。

我们决定去找乌鸦算账。

这是一次乌鸦界的盛会。各路乌鸦:大嘴乌鸦、小嘴乌鸦、秃鼻乌鸦、寒鸦均集合于此,这绝对不是一桩小事。在我的印象中,乌鸦的外貌既不好看,声音也不可敬,整个形象都是令人厌恶的。现在,它们围拢一堆,正在为一头死去的牛而欢呼。看来,是我们自作多情了,我们的车陷入沼泽,还不至于让它们集群来参与救赎。

然而乌鸦的欢呼还是早了点,它们的嘎嘎大叫引起了黑耳鸢的兴趣。"嚯——",空中划过一声尖厉的叫唤,黑耳鸢最是庄重也无法掩饰内心的那份狂喜,眼睛甚至笑成了一弯明月,但那明月分明透着一股冷,它也来赴这牛肉盛宴。乌鸦们极不情愿地朝四方散去。黑耳鸢在牛身上蹒跚着,左敲敲,右踩踩,貌似经验老到的屠夫。最后,它选了牛的后腿肚子站定,那是牛身上最柔软的部分。它用力撕扯着,扯一会儿又抬头歇脚,显然这是一头刚死去不久的牛,毛皮尚还结实。

270

图 100　黑耳鸢与乌鸦

乌鸦在外形上体力上明显不是黑耳鸢的对手，但它的智商高，莫要说黑耳鸢，纵观鸟界，就是那能讲两句人话的鹦鹉都要靠边站。"乌鸦喝水"的故事，地球人都知道。在黑耳鸢奋力扯牛皮时，有一只乌鸦远远地瞅着。黑耳鸢每撕扯一次，它就往前跳一脚，当黑耳鸢扯了十来次后，它们几乎可以促膝共进午餐了。

乌鸦从黑耳鸢扯出的肉块中偷得一缕半缕时，另一只黑耳鸢也远远地赶过来，它以极其高超的滑翔技艺降落。乌鸦罩在它翅膀的阴影里，就像一只小苍蝇。而它翅膀鼓动的大风，足可将小苍蝇吹到乌鲁木齐。这只黑耳鸢慢腾腾地，故作慎重地收起翅膀，无比骄傲地瞅着乌鸦。它希望乌鸦自动给它让路，无奈乌鸦眼里只有那扯出的牛肠子，对它的大驾光临毫不理睬。它只好悻悻地跳上牛脖子，狠狠地撕扯起来。

两只黑耳鸢并排作战，很快就没有了乌鸦的地盘。乌鸦夹在两只黑耳鸢中间跳来跳去，总是快扯到肉时就被它俩轰开了。乌鸦不愧是聪明的鸟儿，它很快就想到了一个好办法。它偷偷溜到一只黑耳鸢身后，将其尾巴上的一根毛狠狠扯了下来，然后赶紧逃走。黑耳鸢正吃得欢，忽觉尾巴一阵剧痛，一根心爱的尾羽被谁拔掉了。它以为是同伴使的坏，挥起翅膀就扇了同伴一个耳刮子。同伴无端受这一击，立刻挥起爪子还击。在它们大战之时，乌鸦趁机捞了一大块最肥的肉。很快，乌鸦便吃饱了。最后它实在吃不下去了，便摇摇摆摆腆着肚子，打着饱嗝，心满意足地回到大部队。

乌鸦们总是能第一个闻出草原上微风送来的不同凡响的诱人气味，它们很快又找到了另一头死去的牛，而那头牛前一刻还在活泼地吃草。有两只草原雕混在乌鸦群里，也参与了这次盛宴。在草原雕的眼里，乌鸦是呱呱叫的低级动物，很有用，世界上少之不得，却不是它这种有身份的鸟瞧得上的。相反，在后者心目中，或是在我们人类心中，草原雕也是伟大显赫的英雄豪杰，只有它才配得上让成吉思汗挽弓搭箭。乌鸦们也很乐意与草原雕共享盛宴，这也间接成全了草原雕与民同乐的心愿。而黑耳鸢呢，正在等着秃鹫帮它收拾残局。

我们返程，"变形金刚"一边从探灯处往四周喷水，一边往前慢慢滚动。原来我认为的舞台框架竟是草原自动喷灌机。

远方出现了棕尾鵟、乌灰鹞、白肩雕、草原雕的身影，它们都在往乌鸦集群的方向飞翔。很庆幸，那两头牛在没有被制成卤牛肉、辣牛肉、五香牛肉、牛肉干、牛肉粒、牛肉丁、牛肉罐头、牛肉棒棒糖前，被乌鸦率先发现。

"魔鬼"来了

去往乌尔禾的路上，蓝天白云间突然起了一块黑云。起初只是一块手绢大，眨眼间天空的一半都扯上了黑色大幕。大幕长了眼睛，我们成了它的逃兵。车到哪儿，它就追到哪儿，黑压压地掠过我们头顶，企图连车带人收入它囊中。

更让我忐忑不安的是，一只渡鸦一直追着我们的车飞。风不知从哪里来，发出哇哇呜呜极其凄厉的吼声，让人毛骨悚然，漫山焦黄的小草全都跪地求饶。一大群原鸽像变魔术似的，突然从黑云下穿出，"呼啦啦"落在前方一处山崖边。敢于在这样恶劣的气候和糟糕的环境下出行，这群家鸽的祖师爷肯定是见过无数大风大雨的。空中开始电闪雷鸣，洒下几丝细雨。它们却头也不回地一直往前走，一边捡食一边还不忘摆姿势。有一只甚至迎着雨用尽全力抖羽毛，那股潇洒劲儿，连洗发水广告比之都弱爆了。有两只更罗曼蒂克的，站在山崖上互相梳理羽毛，你喂我一粒草籽，我还你一粒石子，末了还一遍又一遍地亲吻。在它们眼里，闪电雷鸣恍如婚礼的钟声，是来见证或来检验它们的爱情坚贞与否的。"亲爱的，就算是海枯石烂，山崩地裂，我都永远爱你。"

"哗"，暴雨就像一条大河决了口，铺天盖地从天空倾泻而下。山崩地裂说来就来，这无疑是给那爱情的誓言敲响一记警钟。我们坐在车里如同坐在水帘洞后面，一挂白茫茫的瀑布挂在车玻璃前。汽车变成小船，在公路上划水。小张师傅紧握方向盘，雨水推着我们一寸一寸往前移。突然，水帘洞前像有人扔了石头似的，只听得"砰砰砰"砸得玻璃震天响。"冰雹，冰雹！"小张师傅大惊失色，赶紧将车往路边靠。天晓得路边在哪儿，只隐隐看到前方有车灯在闪呀闪，估计也是避险的车。我们于是停在它后面。

这是我第一次碰到货真价实的冰雹。我们躲在车里聚精会神，屏住呼吸倾听，车变成了一个巨大的乐器，冰雹从四面八方擂过来，东南西北风最炫民族风，什么劲爆的曲子都来敲一顿。车一抖一沉，很有在大海上航行的感觉。耳畔回响的既有冰雹的"砰砰"声，还有"哗哗"的巨大水流滚过的声响，像山洪要爆发的前兆。我感到无比新奇，真诚欢呼我终于见识到了大自然的魅力，全然没想到身处的险境。我甚至觉得那中国风的乐曲还不够劲爆，还期待能乘着山洪漂流到山崖下去看看世界。父亲脸上也是一副又惊喜又得意又自负的表情，在他这个年纪还能遇到这样的壮观场景，家乡里绝不会有第二人。我想他回家乡后，又可以坐在大门口，对那些没有见过大世面的乡邻们大吹特吹这次的历险经历了。

啊哈，这当真是一次刺激的历险。但我还是觉得不能激动得太忘乎所以，冷静地摸下发热的脑门，当一切复归平静后，望见头顶上几千尺的崖顶，我又要怎么回到现实世界呢？

现实世界是我在车里做着奇幻的梦，车外的世界竟突然大亮。头顶依然是蓝天白云，阳光普照，地面干干净净，脚踩下去几乎没有鞋印。一切都像一个幻影，而幻影逝去之后，如果没有小草尖上尚存着的几滴颤抖的雨珠，我会怀疑刚才是否出现过暴雨和冰雹。

小草喝饱了甘霖，以极其清新而优雅的姿态一簇簇镶嵌在石砾和沙地间，恍如山间缀满了一朵朵小黄花。一条既宽且浅的痕沟，就是我在车里认为山洪即将爆发的路线，看上去如同我们小时候坐着自制的轮滑滑过一般。其实，那个轮滑就是我们的屁股墩。山洪，像被观世音菩萨收进了宝瓶，眨眼之间消失得无影无踪。在北疆，山洪暴发的概率就和在湖南说洞庭湖会干涸差不多。不过，洞庭湖最终会不会干涸只有天知道。转弯抹角中，山凼凼里总会冒出来几个宝石厂、花岗石厂、大理石厂。在原鸽飞去的方向，山崖尽头不远处，还有一个大规模采石厂，出产一种叫"卡拉麦里金"的花岗石，据说其硬度、储量、光洁度、美观度举世无双，无石可及。

翻过这片山谷，以为世间便太平，结果又一叠由铁灰色的巨大岩石组成的山体耸立在我们面前。山体棱角突出，如同如来佛祖的掌心罩在路中，我们战战兢兢又兴奋又紧张，如一只蝼蚁从巨掌下爬过，生怕佛祖一不开心便掌压我们，让我们在此修炼500年。徐导说这山里有北山羊。我仰头望了望山体，相信北山羊能爬上这陡峭的山岩。但是它要跨越那些山体上的铁箍，我相信真的要在此修炼500年，修炼出悟空那身轻功才行。这片山岩整体被施了紧箍咒，还不是一道，是被成千上万道紧箍咒紧绑着。某日我们再经过这片山岩时，若有幸目睹到北山羊吊在铁箍上的神采，请不要大惊小怪。

从佛祖的掌心逃出，我们却又落入了魔鬼的怀抱。前方蹿出一座通体淡粉红的巨大城堡，这便是举世闻名的魔鬼城。你能想象到的一切动物、菩萨、魔鬼在这里都可找到原形：老虎、猎豹、恐龙、始祖象、济公、观音、弥勒、如来佛、牛头、马面、瘟神、母夜叉……这些原形个个让你五体投地，如雷贯

图 101　飞跃魔鬼城的黑鹳

耳。我们之前听到的凄厉吼声便来自这里。

　　与之前又是暴雨冰雹又是怒吼不同,当我们从魔鬼城身边小心翼翼地经过时,它却显得极其沉寂与落寞。听不到一丝声响,看不到一个活物——没有牛叫马欢,没有欢声笑语,没有小贩呱呱,没有摩托汽车声,甚至连蚊子的嗡嗡声都没有。几只铁甲"红蚂蚁"在前方不停地点头磕头,好似在啃它的脚趾。红蚂蚁可能是从克拉玛依爬过来的,闻到了魔鬼城脚下的石油气味。它们拥有不可遏止的精力,昼夜不歇的工作作风，最主要的是它们有永远也填不饱的肚子。想象一下它们不停地啃你的脚趾、小腿、大腿、肚子以至全身；想象一下你历经几百万年风吹雨打积累的家业要毁于一群毫不起眼的蚁兵；想象一下，你一世魔名遭人侮辱。这痛苦，这折磨，这还是魔鬼要过的生活吗？

在乌尔禾住了一晚，第二日清早我们再从魔鬼城脚下经过。熹微的晨光洒向魔鬼城的每个角落，天空传来几声"嗒——嗒——嗒"的歌声。一只黑鹳穿过新疆白杨的上空，朝着魔鬼城飞来。这个美丽的生命，给死气沉沉、悲壮辽阔的魔鬼城带来了一丝生气。魔鬼脸上露出了一丝红光，它感到了欣慰。它不再面目可憎，它也没有挖不尽的宝藏。它现在是一个保护神，它的怀抱，便是黑鹳的天堂。

太阳升上魔鬼城上空，它的脚下，一大群红蚂蚁正在疯狂地磕头，一刻不停。

有多少爱可以重来——艾里克湖的鸟

魔鬼城在我们身后远去，我们朝艾里克湖前进，路边一些五彩石吸引了我的注意。

新疆有两种珍贵的石头：一种是"和田玉"，另一种便是此地出产的"丝苗玉"。我在地上爬来爬去，捡起每块石头仔细检查，吹去沙尘，在裤腿上擦了又擦，对着阳光照了又照。我兴奋地将这些红的、黄的、黑的石子塞满两裤袋。有两只楼燕在我头顶上不停地打圈圈，对我的举动充满了好奇。当我爬上小坡时，其中一只直朝我头顶冲来，吓得我滚到山凼凼里，两裤袋石头都逃跑了。我大声招呼父亲拿一只袜子过来，又捡了一袜筒石头。这次我捡到一块椭圆形、拇指大、半透明的白石，徐导说疑似罕见的"宝石光"。我暗暗估算了下，这些宝石至少价值 10 万元。我回家后清理物件时，一袜筒石子仅剩几颗。一问才知，父亲怕我提得累，半路上将它们偷偷撒了。

五彩石过去之后是一大片胡杨林，久闻"阅尽胡杨，天下无树"的大名，我内心对其无比膜拜。阳光洒在胡杨圆溜溜的叶片上，绿意盎然里泛着银光，一棵棵站得笔直，精气神充足的模样。零星有几棵有些扭曲的细碎光枝，远远看上去有一点壮年早生华发的悲凉。但无论如何，论沧桑它比不过玛纳斯河畔的榆树，论凄美比不过喀纳斯湖畔的白杨。我的内心平静如水，除了空气中有一股怪异的汽油味让人稍觉不爽外，连一丝悲壮的感觉都挤不出。胡杨林管理处的蒙古族小伙告诉我们，自乌尔禾开采石油以来，曾在这个林子里繁殖的褐耳鹰便再没有出现过。"那些'磕头机'还隔那么远，有影响？""有。"小伙吸了吸鼻子，"你闻闻这空气。"哦，原来汽油味是石油的味道。"哎，这一带的大尾羊也老是流产。"小伙长叹一声。一阵风刮过，胡杨林叶簌簌地抖，好似喃喃自语。不知道，它要如何度过那孤独的 3000 年？我使劲吸了吸鼻子，一种又心酸又恶心的味道直上心头，赶快走人。

绕过胡杨林，顺着一条无人路走上十来公里，艾里克湖便到了。

艾里克湖是我们进入北疆后见到的第一个真正意义上的湖。乌鲁木齐市的白湖实际上只能算一个塘，还是一个岌岌可危的塘。我们站在湖的北面，遥望南角，古尔班通古特沙漠的沙丘绵延起伏，令人无限神往。有蒙古包散落湖边，蒙古族少女在卖酸奶。

北面湖岸散落着一些老房子，均被齐腰深的青草环绕。湖角矗立着一幢两层砖瓦结构的废弃厂房，此刻已成了楼燕的乐园。厂房旁隐着一块锈迹斑斑的铁字招牌，

经仔细辨认,应为"某某化工厂",可以想象它昔日的辉煌。但此时,它已成了爬满植物和涂满鸟粪的框架。相比南面,北面的水浅而清,芦苇和红柳杂陈其间,随便一个脚印里都可见到一群小鱼在环游。阳光透过水面,一道道银光随着鱼儿的游动缓缓滑过。它们背上的鳞片清晰可见,影子上罩着一圈光环,仿佛神仙标下的印记。想吃一餐鱼很容易,只需穿上套鞋绕着芦苇踩上一圈,然后倒掉鞋里的水,便可以捞出上千条小鱼。但是,没有人来此捕鱼钓鱼。鱼儿是因为不愿沾染红尘才来到这个湖里的,没有人会忍心打扰鱼儿与湖水的这份恋情。可能是在胡杨林里我用力吸了些石油气的缘故,我咳嗽了一声。跟着,无数条小鱼便向四方散开。我抬头望了望天,再次来了一个惊天动地的喷嚏,"夺夺!",一声声青蛙的诅咒、跳水声接连

图 102　黑翅长脚鹬

响起。扇尾沙锥和大沙锥像被撞破了好事般慌慌张张不知所措,一顿乱扑腾,落到前方的芦苇丛中,再无声息。金眶鸻就像一个听到响声就兴奋的小孩儿,颠儿颠儿地跑出来看热闹,大眼睛一眨一眨,和它对上一眼,它却害羞地跑了。这时候,芦苇丛中缓缓探出一个长长的白脖子——大白鹭。它无比优雅地环顾四周一圈,停顿几秒后,优雅无比地缩回去。其气定神闲的高雅,苍鹭差它十条街。苍鹭一听到喷嚏声便恍如听到炸弹袭击的警报声,"腾"地从芦苇上空冲出,冲出几里路后,看到大白鹭还在原地抓鱼,又不好意思地绕回来了。

鸻鹬在湖水里钻来钻去抓鱼,抓累了便坐在湖边一个土堆上歇息。它倒像受过特技训练似的,对不正常的声响有着高超的分辨率。它侧着耳朵仔细地分析,确定那一声响绝对不会对它构成任何威胁，便继续坐着，将翅膀大大地摊开晒太阳。如果它再叼上一条小鱼，那气场绝不亚于三亚海滩上叼着雪茄享受日光浴的土豪。西黄鹡鸰对声响几乎没有反应，没事人一般各自抱着红柳枝大唱情歌。一对黑翅长脚鹬母子有点大惊小怪，它们本来隔得很远，可能是那母亲慌张，倒还"唧唧"叫着朝着我的方向飞来，围着芦苇丛转了五六圈后，落在我前方不远处，落下后竟然还朝我点头不止，难道是表扬我的喷嚏打得够响吗？我也朝它们轻轻点点头，它们却又咋呼着扑向了更远处的水面。远处，它们的大部队和一群红脚鹬搅和在一起。它们组成一个方阵，站成整齐的几排，在水中央练瑜伽，几只红蜻蜓在它们头上观摩。父亲钻到芦苇丛中去小解，还没钻进去咧，却折身猫腰朝我狂奔，"快，快……"他指着芦苇丛。"有蛇？"我忙拔起一条腿。"野、野鸭，好多野鸭子！"父亲指着他身后。我朝他手指的方向望去，芦苇丛上空，铺天盖地的灰雁掠起，极力伸长脖子，排成一条斜线，"嘎嘎嘎"，它们冲上了蓝天。盘旋几圈后，它们又缓缓放下翅膀，静静地朝前方的草丛滑翔。它们一摇一摆着，将白白的屁股对着我们，聚在草地上喋喋不休，继续着在芦苇丛中的讨论。紧接着，绿头鸭、赤膀鸭、鹊鸭、赤眼潜鸭也全都加入了讨论的队伍。被它们的嘈杂声吸引，有两个大家伙也参与了这场讨论，那是一对灰鹤。

　　曾经，有个湖摆在我面前，我没有好好珍惜，等到失去才追悔莫及。如果上天再给我一次重来的机会，我会对它说：我爱你。如果一定要给这份爱加一个期限，我希望是一万年。这个湖，便是艾里克湖。它曾在地球上消失了二十年，万幸的是得以复活。当地人民喝饱了石油挖尽了石头后才幡然悔悟，艾里克湖才是克拉玛依所有生命的源泉。

　　如果还有一次机会，我希望这个湖是罗布泊，我希望它从未消失，一直存在。

大河向北流——布尔津河风情

傍晚时分,我们到达边境城市布尔津。满大街鲜花水果长辫子花衣裳白圆帽;满大街的大盘鸡椒麻鸡拌面奶茶;满大街无一丝灰尘,干净得可以当街照镜。我们跌跌撞撞,浑身灰泥,顶着鸟窝似的发型从街上穿过,就像一群蜷缩在外星球的怪物失足跌落人间。

第二日清早,我们来到布尔津河边。这是中国唯一流向北冰洋的河流——额尔齐斯河的源头,也是它的支流之一。河水不清也不黄,不多也不少,与全国大部分河流慢腾腾或干脆静止不前的脚步相比,它那"哗哗"跳跃向北游去的身影,可以称得上是"河流界的孙杨"。河边白桦林密布,大群的黑耳鸢在水面与树林间穿梭。"嚯——嚯——",它们划过天际响彻河谷的美妙歌声,对我来说既熟悉又陌生。大凡影视剧里老鹰的叫声,其实都是抄袭了黑耳鸢的(比如《射雕英雄传》)。不管别的猛禽乐不乐意,它的声音已代替了所有。

黑耳鸢的声音远去,阳光透过白桦林顶端的缝隙洒到地面。河风轻拂,一波一波的光圈荡向林间,蒸腾起一拨一拨气息。这气息是灵芝附在枯树根上吐出的芬芳,是露珠儿在草尖上打滚的嬉戏,是蚂蚱在草丛间恋爱的蜜语,是蜘蛛在草木间架起的天网。空气中充满着这样富有张力富有活力的气息。密林深处传来几声"笃笃笃"的很有节奏的声响,一只小斑啄木鸟紧抱着白桦树左右上下滑动,像一个待哺的婴儿眷恋他的乳母。它敲响了林中早餐的钟声。

我们全身上下包得只留眼睛和鼻孔在外,将全身都抹遍了避蚊水,连头发都没放过。早餐钟声响过后,蚊子也给我们送来了早餐。蚊子给徐导的大胳膊上立马送了十个"杭州小笼包",还是隔了一层T恤钻进来的。接着,环绕他的脚踝又密密麻麻地给粘上二十来个"沙县蒸饺",那是从袜子与裤子的夹缝中递来的。还有更厉害的,直接在他左眉里产下了一万个蚊子蛋。父亲先躲在车里没出来,一刻钟后,一道白光一闪,他高呼着朝白桦林外的大马路上飞去,立马不见人影,却能听到父亲那"噼里啪啦"震耳欲聋地拍打自己脸皮的声响。我既迷惑又高兴,我没看到一只蚊子,也没得到任何一只蚊子的青睐。我猜,这林子里全是母蚊子,穿了隐形外衣。

图 103　白翅啄木鸟

虽然灰头绿啄木鸟趴在树干上和我们打招呼，布氏苇莺也羞答答地在灌木丛下轻声吟唱，还有白翅啄木鸟在我们眼皮底下的枯树枝上荡秋千，我们还是不得不告别这里。徐导已将车上所有能套得进去的衣服都套上了，蚊子还是在他右眉里下了十万个蛋。他担心蚊子下一步会钻进他的鼻腔，然后将他的肺脏当成大本营。

　　我们转而奔向哈巴河，这条河也是额尔齐斯河的一大支流。当它欢快地从山口冲出后，流速便明显减缓，形成了众多沙洲。河水挟带的白桦林种子随遇而安，在沙洲上和河岸安营扎寨，因此这里遍布着原始的白桦林，形成了白色的海洋。相比之下，布尔津河岸的白桦林只能算这片海洋中的一叶小舟。早年，狗鱼会成群结队到这一片沙洲来产卵，徐导和他父亲驾了小船来捉。有次捉了一条很大的狗鱼，差点将他们的小船掀翻，那条鱼让他们一大家子吃了将近一年。从九十年代开始，狗鱼逐年减少，好像是回不到这片沙洲了。为什么回不来，这得问水利专家、历史学家和环境专家了。

　　河坑上密布着上千个碗状的小洞，大群的淡色崖沙燕在洞口与水面间忙碌着，当它们飞临洞口时，总会有几个黑乎乎的小脑袋扑出来。然而要看清那些小脑袋，除非是洞口的壁虎。只有听到父母的呼唤，它们才会探头出来，其余时间一律安静地、老实地待在洞的深处。有趣的是，这些崖沙燕洞中还混有几只树麻雀的洞，麻雀就像初出国的暴发户，攀在洞口兴奋地大叫，又跳又蹦，好像那是吴哥窟，是罗马教堂，是凡尔赛宫。好像它们不做几个动作出来，不足以显示它们尊贵的身份。

　　河岸上的白桦有几棵被环切了一圈，看上去那些切环很有些年月了。据徐导说，这一圈是价值不菲的。从白桦树上提取的汁液比"红牛"更牛。喝上一罐桦树汁，

图 104　白背啄木鸟

新疆野马都追不上你的步伐。它还是治咳嗽的上好药物，只要将舌头在桦树上舔几舔即可。白桦皮坚韧的材质早年还是做鞋垫的上好材料。自天山到阿尔泰山，从伊犁河谷到塔里木盆地，沿途的草根沙粒、羊粪奶酪、花木果实、石油矿产，都已深深地植入桦树皮中。它还有一个更绝的用处，可直接用指甲或小木棍在上面书写情书，白皮上的情话十分醒目，经年不退。环顾四周，果然在某棵树上看到了"爱你到永远，情比桦树坚"的字样，旁边还落了两个名字，字迹尚显幼稚。一对白背啄木鸟相对紧抱着那棵爱情树，正一字一句仔仔细细地检查字迹，就像敬

图 105 黑啄木鸟

业的老师在批改小学生的作业。一只黑啄木鸟站在一棵枯死的老树根上，披着黑色大袍，俨然是黑衣道士。然而这"道士"身材挺拔，走路带风，是如此英俊帅气。它头顶的红帽子更让它平添了几分英气。它出色的外表和精湛的医技为它赢得了众多"树丝"。"树丝"们想方设法装病或故意让自己生病，只求得到它深深的一吻。哪怕只一次，就是死也愿意。在"道士"心中，它的职责就是治病救树，或为死去的灵魂布道。"若以色见我，以音声求我，是人行邪道，不能见如来。"若想以歪门邪道来勾引它去做其他无关的事，门儿都没有。

"哟嗬嗬"，桦树林顶端一个亮丽的黄色身影掠过，一只金黄鹂站在桦树梢上开唱了。远处哈萨克的毡房里，传来隐隐的歌声。载着一路欢歌，哈巴河穿越平原峡谷，和它的兄弟布尔津河一道汇入额尔齐斯河，途经哈萨克斯坦，掠过俄罗斯的广袤大地，在北冰洋宽阔的胸怀里躺下，再也不回头。

喀纳斯迷雾

清晨，雾在喀纳斯湖上弥漫。

爬过友谊峰，西伯利亚的风在这里翻了一个筋斗。踏着成吉思汗的脚印，它问候了图瓦人的每幢小木屋，每头牛羊，还有，每架爬犁。它冰冷的心与喀纳斯湖水相遇。亘古的爱情，便在湖畔生根、发芽。

那是一条淡雅的纱巾，在幽暗的森林中轻盈舞动。它挂在白桦姑娘洁白修长的脖子上，为那望穿秋水的恋人的眼睛，抹去最后一滴眼泪；它又是一双承载了千年的温柔的母亲的手，让高傲的冷杉和云杉的手臂不再僵硬。每根松针都充满了柔情，每颗松果都布满了蜜意，一缕一缕，一瓣一瓣，全都融化在北松鼠的怀中；它更是一个翩翩的美丽天使，每一个草地上的精灵都因得到它的亲吻而欢欣：草莓、蘑菇、鲜花，甚至还有躲在草丛里谈恋爱的——蚂蚱。

"嘎——"，星鸦唱响了林中第一声序曲。野兔摘走了蘑菇，草莓映红了它的眼。这个贪心的小家伙老是忘记带篮子。圃鹀对着满山鲜花咂舌，是谁，撒下了这满地芬芳？蒲公英、黑心菊、菁草、白花车轴草还有那高贵的柳兰，这些蒙上了头巾的新娘啊,在等着有心人去揭盖头。那帅气的戴菊哥哥,却只取了花丛中那只瑟瑟发抖的小虫儿。那棵树身已枯的云杉,一只普通䴓正头朝下、尾朝上地往上攀爬,那是云杉培育的一朵会跳倒立霹雳舞的蘑菇吧。它旋转着,一遍又一遍,那棵逝去的树的灵魂,便在喀纳斯湖畔得到了救赎。

太阳爬上小木屋,雾便消失在湖水上空,来不及说再见。湖水的脸,藏在雪山下,映在草场边,躲在森林畔。它一忽儿绿着,一忽儿又黄了;这会儿蓝了,转眼又白了。你总是无法捉摸它的颜色,就像无法捉摸一个女人的心。

图 106 普通䴓

从卧龙湾到月亮湾,再到神仙湾,你能听到每个湾里河水的笑声。我看到了笑声里迷人的倩影:河狸在打滚儿,天鹅在深情起舞。而之前它们藏哪里?藏在湖水、森林、迷雾的怀抱中;藏在马背上、牧童的眼睛里。

湖深处,红光闪现。"哲罗鲑"和湖畔的图瓦人,那是隐藏了千年的秘密,是一个永远也无法解开的谜团。

沙里福汗公园的斑鸫

离开喀纳斯,黄昏时分,我们抵达阿尔泰山下的阿勒泰市。

当晚,暴雨下了一通宵,第二日上午仍然不歇,克兰河河水暴涨。下午雨停日出,徐导去接人,我和父亲在市内的沙里福汗公园转。克兰河从公园横穿而过,我们小心翼翼地站在河边察看水汛。河面宽广水势湍急,水中遍布大石。河岸也怪石嶙峋,桦树杨树密布,野蔷薇、野山楂、毛柳丛生。河中央还有一狭长小洲,同样密布怪石、桦树与灌木。河水从峡谷中咆哮而出,挟万马奔腾之势。只有勇士与傻瓜才会站到河边,不然河水会载你去北冰洋,就像托着一片树叶。虽然我也很想去那里。这时,河里还真出现了一群傻瓜:七只秋沙鸭,一色的红嘴棕红脖子灰背白胸脯。它们将头潜入水下,屁股高高地朝天翘起,光剩红脚掌在水面拨动,就像一丛秋叶在水面打着旋涡。一波大浪冲过,水面上什么也没有了,秋沙鸭不见了踪影。在我焦急地寻找它们的影踪时,棕红的长脖从前方水面陆续钻出,如雨后小东沟里打着长伞钻出的红蘑菇。它们在急流中沉沉浮浮,不费吹灰之力,神情始终是兴奋的，如同在浴缸里洗澡的婴童，第一次与水亲密接触。水中有数不尽的"玩具"：各式各样的小鱼儿在打着滚儿。它们在浑水中摸到一条又一条鱼，举着战利品高声歌唱。有一只秋沙鸭基本在群体外围活动，眼睛时刻警惕地睃着河岸，我估计它便是那群秋沙鸭的亲娘。在亲娘的带领下，它们排成一纵队往上逆游，又轮流着爬到小洲上，接着开始仔细地梳理羽毛——我敢保证，它们绝没有任何卖弄风骚的迹象，也没有摆弄任何架子和玩弄一丝诡计，只是清理羽毛上的泥浆和草叶罢了。但就这一点，已惹得奔腾的克兰河水像个毛头小伙儿似的，不时要冲上那小洲去窥探。它们的亲娘则站在乱石堆上，脖子左右转动着，眼神警惕。看样子，要想亲近它的孩子，得先过它这一关。

靠近河岸的灌丛中，数不清的红蜻蜓、蓝蜻蜓、绿蜻蜓、蝴蝶，还有蚊虫，都摇摇摆摆地出现在大雨后的阳光里，或轻掠水面，或于空中低飞。间接的，这里促成了一个斑鸫的超级幼儿园。在树缝，在头顶的枝干上，甚至在厕所的窗户上，一只又一只的小斑鸫在没完没了地扯着嗓子拼命喊"我饿，我饿！"吵闹声不止把树上的蝉鸣声掩盖了，甚至连游乐场的尖叫都变成了蚊子的哼哼。辛苦的斑鸫父母一刻也不能停地抓飞虫、抓蜻蜓、抓蚊子、抓蚂蚱，连叹气和哀怨的时间都没有。它们只要看到有移动的物体就猛扑上去。路上一个学步车里小女孩头上扎的花蝴蝶在一抖一抖，它以为那是只真蝴蝶，竟然也扑到她头顶上去扯，一把就扯断了那蝴蝶的翅膀。小女孩哇哇大哭，哭着要斑鸫赔她的花蝴蝶。

出公园往后山走，山不高，站在山顶可以俯瞰整个阿勒泰市。山上的层林显出深浅不一的绿，其间混着很多奇异花草：草麻黄，长着葱绿的茎，其茎和葱就像孪生兄弟，却无任何血缘关系。葱开白花，此"葱"却开红花，就像一颗颗红色的小

图 107 普通秋沙鸭

纽扣缀在葱绿的茎上。如果你将它当成一朵会开红花的普通葱采摘,那么森林警察会请你去派出所喝早茶:它是国宝级的植物,明令禁采。沙蓝刺头,一层一层的宝蓝色花瓣像一柄柄短剑重叠,组成了一个个漂亮的蓝色花球,看上去十分高贵典雅。一阵风吹过,花球如蓝色摇篮轻摆。雨珠儿在摇篮里荡来荡去,如同撒娇的孩子。还有一种植物,我认为是这里最惹眼、最强势的,它就是——沙棘。那些黄澄澄如小枣大小的果子,就像一串串糖葫芦串满了枝头,又像妖精的眼睛发出魅惑的气息,谁也无法拒绝它的诱惑。

图 108　斑鹟

在这些美丽的植物中还有一棵像宝塔一样矗立的云杉。硬扎扎的松针已被雨水清洗得极净,翠绿的枝上披挂着串串雨珠,千万缕的柔情瞬间吸引了无数粉丝。灰蓝山雀跳到松针上凝望,它一改往日的横冲直撞、叽叽喳喳,化身成了安静的美男子。接着,苍头燕雀衔着一只蜻蜓飞过来,蜻蜓的翅膀在颤动,那个可怜的飞行家还在它嘴里无声地反抗着。欧亚红尾鸲、黑头山雀也来了,它们一个一个出来,轮流在松针上展览自己,仿佛云杉是一个巨大的 T 台。

最不可思议的是,压轴出场的竟然是一只白化的斑鹟。它的翅膀和尾巴全白了。

它的出现就像在林中投了一颗炸弹，引起了鸟界轰动。所有鸟儿都蜂拥着出来看这个异类，就像看外星鸟似的。它们对它指指点点，嘲笑着它，用异样的眼光去"欣赏"它白化的羽毛。它们还大声叱责它，对它嘴里衔着一只蝴蝶表达不满和气愤，认为它那样的鸟是不配去抓美丽的虫子的。最后，群情激愤，它们尖叫着，将它赶出了林子。

那只斑鸫惊恐地逃到一棵新疆白杨上，浓密的杨树叶片藏住了它的身子。它一直在颤抖着，那个云杉的舞台为什么要排斥它？为什么所有的朋友都远离它，仇视它，把它当成敌人？

挺进阿尔泰山

早餐时分吃到一份热炉现烤的馕，上面撒了些葱花和芝麻，又酥又脆又香又甜。那么大一个家伙，比我家祖传的蒲扇还大，上面印了各种复杂而美丽的花纹。馕可以说是我吃过的大江南北的食物中，最便宜最漂亮最饱肚的食物了。卖馕的两个哈萨克族小伙说一个只卖两元五角时，我激动地递给他们五元钱，买了两个，虽然我的肚子只塞得下八分之一个。带着余下的馕，我还私自挟带了一可乐瓶驼奶，雄赳赳地往阿尔泰山挺进。

沿克兰河而上，河岸极为陡峭，巨石嶙峋，河水在这一段"哗哗"地跳跃得极欢，这便是阿尔泰山的小东沟了。河岸丛生着大片的欧洲山杨和少量白桦，树下有一窝一窝黑中泛绿的丑陋的牛肝菌、红中带粉的漂亮的红菇。我捡了不知道有几窝，

图 109　苍头燕雀

一边捡一边口水长流。在某棵横生着的大山杨树干上,我们发现了一个隐蔽的洞口,徐导说这洞是长尾林鸮的家。一个月前,长尾林鸮躲在洞里孵崽,一只大山雀蹦蹦跳跳地过来了,蹦着蹦着便发现了这个洞。它好奇地往洞里瞧了瞧,这一瞧简直把它吓破了胆,它的敌人正躲在树洞里阴森森地看着它。它赶紧飞走,这次敌人没有出来抓它。它觉得很好奇,洞里那确实是敌人吗?怎么不来抓我?于是又飞回去。这次它胆子大了些,将头和身子都深入洞口,那敌人又只对它瞪眼,并不出来抓它。大山雀于是带着这森林里的特大新闻在每棵树上奔走相告,向林子里所有鸟类昭告这一令人激动的新闻:长尾林鸮躲在洞里不敢出来,大家快来看啊。于是,一只又一只小鸟轮流往那洞口探望,它们嘲弄的口水差点淹没了那个缩成一团的可怜敌人。

　　林子里静悄悄的,什么鸟也没有。也许,那些曾嘲笑过长尾林鸮的小鸟都成了它幼崽的食粮。那双冷飕飕的眼睛此刻正躲在某棵树的高处,警惕地关注着我们。

　　我们绝对不敢嘲笑它,继续往山顶爬去。在我们即将穿过一片茂密的杉树林之际,前方传来一阵很古怪的歌声,"哦呵呵,哦——"像一匹来自远古的狼在号叫。我们停车靠边,兴奋地等待歌者出现。一大群泥巴糊的怪物出现在前方,说狼不像狼,说羊又不像羊。一个同样糊满泥巴、蓬头垢面、衣衫褴褛的人紧随其后,说他是人,只因他有两条腿且站着走路。看到我们,怪物全都停下,一只只挤挤挨挨,怯怯地往后退。那人的鞭子甩得叭叭地响,有一只怪物终于勇敢地站了出来,却往路下的杉树林里钻。一大群怪物都钻到杉树林里,绕过我们的车,再从林子里绕回路面。一只只缀满泥巴坨的肥硕屁股像货郎挑的担子一颠一颠着,敢情是一群阿勒泰大尾羊。古怪的歌声随着"货郎的担子"继续往山下飘去。

　　穿过这片杉树林,再蹚过一座漫水桥,群峰便映入眼帘,沟谷踩在脚下。山坡上出现了大片草地,巨石横亘。很意外,这些巨石间竟然矗立着参天的云杉,样貌千奇百怪。每一棵树身都是断枝残干,每一寸树皮都伤痕累累,每一根杉针都绿意盎然,上面挂着无数色彩缤纷的小杉果:红的,绿的,黄的,橙的,黑的,就像圣诞树上装饰的礼物。还有一些大树倒在巨石间,光剩赤裸的枯骸。无法想象,它们经历了怎样的酷热与冰寒、狂风与暴雪的摧残,才能在这浅薄的土地上顽强地生活。在这不屈的灵魂上,悄悄飘来一朵红云:一只红隼。红隼脚下抓着一只小鸟或是老鼠,正站在树杈上撕扯。我跑下山去想看它脚下抓的到底是啥,徐导警告我,不要那样跑来跑去,这里海拔2500米了,小心跑出高原反应。我只好止步上车,在那红隼脚下，留下了一个谜团。

　　与红隼打过照面后，在经过一个急转弯的陡坡时，车子陷在泥坑里不断往后退。越加油退得越凶，脚下是万丈悬崖，滚下去便只能喂秃鹫了，我还不想在这个年纪就贡献给秃鹫。我从座位上一冲而起，抓住车门嚷嚷着坚决要下车。"别嚷！"小张师傅大吼一声，方向盘猛一打，车子一阵咆哮，怪叫一声终于冲上了陡坡。我全身汗透，而此时的山顶白雪闪光。

　　阿尔泰山的群峰在我们脚下，耀眼的白雪像一条条长长的利爪紧紧抓住每一座

图 110　红隼

峰顶。北面的山坡上仍密布云杉，南面则是高山草甸。山峰向远处逶迤，消失在白云尽头，直达辽阔的蒙古。山谷中纵贯的细线是道路，一簇簇羽毛便是树木，而那绿油油的草地上，间或出现的白色蘑菇便是哈萨克毡房。还有那些会游走的、散布在山谷各处的五颜六色、壮硕肥美、纯净无比的蘑菇，当然是：大尾羊、山羊、牛、马和骆驼。

我将车上所有能穿的东西都套上，绑了两个狗皮护膝，还罩上了父亲的小棉袄，全副武装端着相机往山上冲。我才冲出 5 米便上气不接下气，仿佛腿上绑的不是狗皮护膝，而是两条死狗。莫说前面有雷鸟，就是有雪豹棕熊我也走不动了。徐导说，你坚持一下，雷鸟就在前方 50 米咧。

伟大的阿尔泰山神鹰啊，请赐予我力量吧！

赤胸朱顶雀的爱情

在我们立足的草坪上，一个年轻的哈萨克族妇女带着儿子，一人骑一匹大马，两人脸上均红光满面。女人头缠一块红头巾，大声地打着手机，好像在反复交代她男人要带什么东西回来。小男孩守在母亲旁边，一心一意玩着手中的一根长马鞭，马鞭已破旧不堪。

喝了半瓶骆驼奶，思考了 10 分钟，我继续前进。脚下是一块又一块巨石，一直堆到看不见的山顶。巨石虽棱角分明，粗糙无比，却没有一丝呆滞和死态，有着极致的干净和纯美，上面满布着薄薄的苔藓和地衣：大红的、深绿的、浅绿的、棕黑的、柠檬黄的，就像技艺高超的民间剪纸艺人精心修剪的窗花。当你贴近窗花细看，会觉得那分明是一幅世界地图,全世界都在你眼前,你一脚便可横跨两大洲。当雷鸟站在巨石上思考的时候,可以想象,那便像是一幅中华人民共和国地图,一幅活的、移动的地图。

我对着一幅地图仔细研究,耳畔传来几声好似蛐蛐的叫声,我怀疑耳朵被阿尔泰山的风吹坏了,能飞上这个高山的蛐蛐一定是"神蛐"。再前进,恍惚间又听到"呱呱"的貌似青蛙的叫声。如果有一只青蛙能跳上这高山,那一定也是"神蛙"了。循声望去,"神曲"制造者正在我头顶前方50米开外的山顶上,既非"神蛐"也非"神蛙",而是"神鸟":一只美丽的蓝精灵——蓝喉歌鸲。它叼着一条大甲虫,在石块与灌丛间一边歌唱着一边东张西望。在魔鬼城的芦苇丛中我曾隐约见过它的风姿,没想到在这海拔3000多米的高山上,我却站在它脚下仰视。它喉下那抹撩人的蓝一览无余,就和阿尔泰山的天空一般湛蓝。听那神曲,再看它嘴里的甲虫规模,它一定是在呼唤爱情。它唤了半天,却没有得到爱情的回音。

灌丛下有条浅而长的山沟,弯弯曲曲往山谷底部延伸。一个圆滚滚、雪白脸蛋的小男孩在沟里钻来钻去,找到了一片长长的羽毛。他将那战利品高举着,就像举着一支令箭,其实那只是一片黑耳鸢的羽毛罢了。他在沟里反复找,我问他还找什么呢?他说还要找一片这样的羽毛,那样他便可以像鹰一样飞去上学了。他指了指从山上飞过的黑耳鸢告诉我。那么你的家在哪?在山谷里,他指了山谷里的一个毡房给我看。我拿起望远镜,在那个遥远的谷底,散布着好几个白色的毡房,有零星的牛马在吃草。几乎在每个毡房外都搭着一个两层的简易木架,木架上再铺一层简单的苇席,上面晒着或黄或白的满满的奶酪疙瘩。你去我家吗?我请你喝奶茶吃奶酪,男孩极认真地对我说。我很想去,但恐怕要和你借那片羽毛咧。

小男孩依然耐心地在沟底寻找另一片羽毛。这时，一对小情侣出现在他身后的山沟边，这是一对赤胸朱顶雀。雄鸟站在一块突出山体的大岩石上，对着山谷发出爱情的誓言。它的胸脯和额头均因对爱情的渴望而变得红艳艳，在绿草地与白石间就像红宝石般熠熠生辉。雌鸟被雄鸟的歌声吸引，羞怯地靠近它。雄鸟便对它大加赞美，不时地迸发出一阵阵优美的俏皮话来取悦它。于是，一段伟大的爱情便产生了。

雌鸟跳上岩石，陪着雄鸟一起吹风。为了能最大限度地讨情侣欢心，雄鸟又开始了花样繁复的求爱方程式。它高唱着扑向草地，挑了一颗又一颗地种子进贡给情人；它又高唱着扑向沟边，在泥沙与羊粪粒中挑挑拣拣，莫非是要找一颗求婚的钻戒？当它再次高唱着钻入灌木丛，一阵窸窸窣窣的响声过后，它叼着一条虫子冲了出来。雌鸟此时已深深陷入雄鸟布置的情网中，无论雄鸟扑到哪儿，是草地还是泥沟，它一直在后面紧紧跟着，眼里布满无穷无尽的爱意。如果雄鸟跳下悬崖，雌鸟也会毫不犹豫跳下去。后来，这对情侣双双站在一根灌木枝尖端，山风拂荡着它们的面颊，它们来了一段十分动听的阿尔泰山情歌对唱。唱到动情处，雄鸟还会一个弹跳，在空中来一个"月亮空翻"，团起身子，朝后空翻两周，再转体720度，在雌鸟的眼花缭乱、无比膜拜中稳稳地落回灌木枝，红色的婚衣微微敞开。世上最浪漫的爱情也莫过如此吧，我和你，一起站在阿尔泰山之巅吹风、唱歌。

爬上巨石山顶，我也坐下来吹吹风。旱獭在不远处懒懒地晒着太阳，几只沙鹀站在我身后的巨石上，陪我一起吹风。耳边好像又响起"呱呱"的青蛙歌声，比上山前听到的声音更粗犷，不是蓝喉歌鸲，难道真是青蛙？青蛙要爬上这高山也不是没有可能，它的卵可以搭大尾羊的便车，可以搭任何到溪边喝水的鸟的便车。徐导过

图 111　赤胸朱顶雀

来后，我找他求证，他说这就是雷鸟的叫声啊。于是，我们又漫山遍野地去寻找那"呱呱"之声的发源地。

太阳西沉，"呱呱"之声终未见。而我们都知道，巨石上的每扇窗花、每幅地图，都曾留下过雷鸟的足迹。那是一幅怎样和谐的画面，又是一处怎样旖旎动人的景致啊！它们就站在巨石上，在我们眼皮底下谈恋爱，而我们世俗的眼光却总是错过，一再错过。

我们在落日的余晖里下山，在沟边，再次碰到那个捡羽毛的小男孩。他的愿望达成，高举着两件战利品坐着接他的摩托车下山了。山谷里回荡着大尾羊、山羊、牛和骆驼的叫声，有三匹马在指挥这一场宏伟的阿尔泰山多重唱。一马一人。一个戴鸭舌帽的男人冲在最前面，中间是缠红头巾的妇女，最后是那个玩马鞭的小男孩。他将马鞭高高扬起，那是一根铮亮的新马鞭。

北屯的广袤戈壁

北屯，路边店。

西红柿青椒鸡蛋和筷子一般粗的面条搅和到一块儿，堆成一座小山，看上去五颜六色美味无比。这便是闻名中外的"拌面"。而最美的食物缺了辣椒的调和，对湖南人来说都像天宫的嫦娥，永远在吊你的胃口，却永远也吊不起你的胃口，我象征性地挑了两筷子。父亲不仅吃了自己的那一份，还把我没吃完的部分默默地消灭精光，这让他们都认为我是在摆谱。他们哪儿知道，我父亲从小走南闯北，生就一副铁齿铜牙，是吃十碗饭的人，加之天生的大胃王，塞得下柳树叶、苦楝籽、朝天椒、生苦瓜、蛇骨刺、牛皮和糟糠之妻的唠叨等等。况且那店老板娘尚有三分姿色，我很清楚他的心思，只是我不说出来而已：他吃光食物是要讨她的欢心。哼，她不及门外那根枯枝上褐头鸦的一根羽毛漂亮。

进餐的不适很快便被北屯的广袤戈壁掩盖。沙地上生长着稀稀拉拉、矮小的野草，火热的阳光直铺大地，蚂蚁都藏在洞里不肯出来，旷野里散发着惊人的孤寂。进入戈壁腹地的一条黄沙大道是极有特色的，全由碎的新疆啤酒瓶渣与康师傅面盒、以及细沙铺就。这足以证明，人类向戈壁进军的号角已然吹响。以往波斑鸨喜欢到这一带溜达，现在它们恐怕不但需要有铁齿铜牙，还得配双铁鞋才行。

大道两旁的电线和铁篱笆上站着好几只西红脚隼雄鸟，全身灰黑，而嘴、眼圈、脚及尾部一片鲜艳的橙红，就像熟透了的蟠桃，勾引得全车人都垂涎欲滴。烈日下，它们双眼半闭着养神，全然不顾我们正火辣辣地盯着它们。在铁篱笆桩后不远的戈壁滩上，有一长溜突出草地的沙堆，像一条巨蟒蜿蜒至天边。一只西红脚隼的雌鸟紧紧抓着一只老鼠在沙堆上东张西望，好像警觉到草丛间有什么东西在慢慢向它靠近。

果然，草丛里伸出一沙色鸡头，鸡头左顾右盼半天才缓缓探出脖子，栗色的脖颈镶着一块黑色的三角巾，还挂着一串又长又大的黑色项链，直坠到胸前，就像一个时髦的沙漠女郎。接着，它跨出一只脚爪，研究了半天才慢慢落地，仿佛地上埋了地雷。最后，它才从草地间完全钻出来。它站在沙地上，如果不动，便是一堆沙；如果沙堆在动，便是一只鸡，真不知是谁在掩护谁。它又老是畏畏缩缩，半露着头在草丛与沙地间匍匐前进，而戈壁就像一片海洋，想象一下在大海里捞针的感觉吧。但我们还真捞了针出来，而且还是五根。草地间又陆陆续续钻出了四只沙鸡！有一只沙鸡朝后摆了摆屁股，这让它走了光。灰色的肚皮底下清晰地露出黑肚兜，性感至极，原来这是一群黑腹沙鸡。沙鸡排成一队弧形，朝西红脚隼的雌鸟包抄过去，雌西红脚隼紧抓住老鼠，翅膀打开，双目怒视，做出了迎接一场沙漠大战的姿态。沙鸡从它身旁轻轻绕过，非常友善地一笑，似乎在说："美女，别紧张，你不是我们的菜。"翻过沙堆，它们像是一群大漠游击队，转眼便消失在沙地间，留下雌西红脚隼一脸的惊愕。如果雌西红脚隼脚下不是一只老鼠而是一条虫子，它可能就不是惊愕，而是惊叫了。

图 112　褐头鹀

　　进入戈壁腹地，一条"巨蟒"展现在我们眼底，原来是要在这戈壁之上修一条长渠。长渠边上已经种了一大茬的向日葵，有一段渠道抹了水泥，渠底隐约可见浅而黄的水。我坐在渠上休息时，一对沙鸡情侣"呼呼"着从我头顶飞过，刮起一阵狂风，直达渠对岸，我还道是发射的卫星回到了地面。渠对岸却悄无声息，"两颗卫星"早已化成"彗星"，在沙地间消失得无影无踪。沙鸡起飞肯定是有原因的，无非是受到攻击、惊吓，或者恋爱中玩的一种游戏，也可能是为了渠底的水。我趴在渠边，静候它们的再次现身。

　　在我感觉即将要在烈日中永生时，渠对岸的草丛终于有了点动静。那对情侣探

图 113　黑腹沙鸡

出了头，接着跨出了脚，公的回头对母的点了下头，好像在说："亲爱的，安全了，你在后面慢点跟着，我在前面探路。"母的于是猫腰跟在它后面，始终保持一米左右的距离。公的在渠底喝水时，母的便藏在草后。公的喝饱了，飞快返回，换了母的再去喝水。母的跨出五步，又折回来三步；跨出三步，又倒回来一步，连蜗牛看到这样的节奏都会抓狂。它的情人却出奇地冷静，朝它温柔一笑。这一笑给了它饱满的勇气，它于是快速跑了十几步，终于到了渠底，将头埋入水面一顿狂喝。它的情人一直站在身后不远处，脸上始终保持着微笑，两眼却警惕地往四周巡视。喝饱水后，这对情侣一溜烟儿钻入沙地，融入茫茫戈壁。

我站起身来，渠边那一茬向日葵在阳光下闪光。沿着荒漠，黄色的花向远方无限延伸，美得令我无法呼吸。据我的知识，戈壁之上盛开的应该是仙人掌花一类，并非向日葵，真不知这花是福还是祸。当那条纵贯戈壁的渠道蓄满水时，当戈壁变成一片向日葵的海洋时，沙鸡是否还能在此生存？沙鸡的祖先选择在此安家，只因辽阔隐藏了渺小，荒漠隐藏了卵石，无数隐藏了单一，它们才得以在这戈壁之上快乐奔跑，它们是为戈壁而生的。

我们是听任沙鸡在戈壁上无所事事地晃荡，还是让向日葵骄傲地昂着头呢？

后会有期

我们推迟了去福海的脚步，选择继续留在北屯，留在戈壁。第二日清早再次踏入戈壁，我发现它看似沉寂，却非常智慧且善于谈吐，同时极富同情心，就像一个有着强烈社会责任感的民营企业家：平时寡言少语，关键时刻总能挺身而出。黑腹沙鸡和它之间有着兄弟般的默契，明明有两三次我都快踩着黑腹沙鸡的脚了，它却在我脚底下一溜小跑，便隐藏在我眼前的沙地上，让我再也寻它不着。"兄弟，兄弟，来，来，快来！你藏在我肚皮下。"戈壁一定用了某种神秘的语言，暗暗告诉沙鸡逃跑路线了。前世它们必定是相知相识的，且有共同的祖先。

天空瓦蓝，白云像扯碎了的棉絮在缓缓流动。戈壁静极了，远处有某种气流恍如一缕轻烟，一会儿荡过来一会儿又叠过去，仿若电台的音波曲线在跳动，让人对接下来播放什么曲目充满期待。它们贴着地面环流，不细看是无法察觉到的。气流一圈一圈滚过来，滚过来，整个戈壁都似在转动，无声而完美，我的眼光开始散漫，看见了一片海市蜃楼。

有一个人在缓缓踱步。他头戴华阳巾、双眉入鬓、凤眼朝天、白袍飘飘，背一柄长剑，浑身仙风道骨，这不是仙人吕洞宾吗？他后面又紧跟着一个高挑潇洒，同样着灰白袍的翩翩公子，手持一洞箫，在嘴边轻声吹奏。他奏的似乎是大漠神曲，辽阔而悠扬。他便是吕洞宾的徒弟韩湘子吧。紧跟韩湘子的是个扎小辫、手捧一支白荷的美女。那不是何仙姑又是谁？最后出场的，竟然是走路一拐一拐、着灰白道袍的道士——铁拐李！

一个，二个……七个，"八仙过沙"，只少了那个倒骑毛驴的张果老。我想他此刻正在赶往天宫的路上。中秋将至，他肯定又收到请柬，要去出席那砍月中金桂的大会吧。

我站在海市蜃楼前，张大了嘴，心跳加速。那些轮流现身的神仙，一会儿模糊，一会儿又清晰。最后，气流散了，他们一个一个抖落了衣冠，一股仙气朝我扑面而来，干净、纯洁。他们化成了七只蓑羽鹤，带着浑身的仙气，在戈壁之上呈一条直线诞生。它们一边缓缓踱步，一边悠闲地啄食，甚至有时还礼让，并不抢食。时而又停驻下来，彼此间进行眼神交流。它们的羽衣微微展开，红宝石般的双眼在阳光下闪烁，眼后那一撮白色耳簇羽恍如白绸带般迎风飘扬。这是多么有礼貌、多么有纪律、多么有组织性的觅食行为啊。面对黄色的浅草和瘦削的戈壁，它们并不挑剔，毫无怨言。而我还在为没有辣椒吃而抱怨。它们渐渐远去，在茫茫戈壁上只留下几点浅白的影子。这是多么深不可测的美丽，天地间似乎因它们而融为一体。

它们的每一次回眸、每一个转身都深深潜入我心中。当我们返程经过一片舍利塔时，在舍利塔顶上空，我们又目睹了一场它们盛大的聚会。

像受到了某种神秘指令的指引，上百只蓑羽鹤在舍利塔顶的天空集合。为什么要选在舍利塔顶呢？难道是冥冥中受了舍利塔里佛祖的指引吗？它们吹响了集合的冲锋号，一个个神情激昂，像士兵即将远征。借着气流，它们一直往天空之上盘旋，往上盘旋。排成一个 V 字形阵队，V 是英文"胜利"的首字母，恐怕只有天空才知道它们排成这种队形的原因。它们一路所唱出的歌曲和草原上的牧歌一样动人，一样快乐，在天际高高飘扬，在戈壁久久回荡。歌声里充满着对未来生活的无限憧憬，对当下生活虔诚的赞美。带着满心的快乐汇聚蓝天，这群勇敢的朝拜者，即将飞越那座神山，世界最高峰——喜马拉雅山，它们即将面临的一切：狂风的席卷、暴雪的摧残、金雕的拦截，都不用我们担忧了。

此刻，戈壁上的所有：细沙、浅草、气流、沙鸡、大鸨都在静心聆听，所有的心灵都被歌声洗涤。父亲神情凝重，而我，眼泪就像断了线的珠子，散落一地……

飞过那雪山，越过那戈壁

掠过那令人窒息的峡谷

穿过那茂密无边的树海

只为伴你左右

穿过那壮丽的山脉

越过那莫测的大海

穿过狂风和暴雨

只为伴你左右

今夜，我将守候在你身边

明天，我又将远行

再见，戈壁

再见，北疆

明年，我会再回来

我会再回来……

图 114　集结中的蓑羽鹤

意蕴丰厚的生态文学

跋

肖辉跃是一个湘妹子,她凭着自己的双腿、敏锐目光,可以说足迹遍布大半个中国:南到密林深处、大海岸边,北行西域高原、森林草甸。在大自然中寻找芳心,拍摄了许多珍贵的鸟类照片。都说山水能够触发灵感,她对这一说法给出了很好的诠释,她的文章以故事或记录的形式呈现给读者,可读性强、对读者的诱惑力大。

得知她即将出版个人著作,我心里充满着喜悦。尽管我水平有限,但作为自然观察爱好者理应庆贺,欣然为她写下勉励的话语,祝福她在自然生态这条路上越走越远。

都说有缘千里来相会，与她相识，缘起于我们都是自然观察爱好者，且对欣赏鸟类情有独钟。记得那是一个多雨的春天，她受广州摄鸟达人赵广胜的邀约，从长沙星夜兼程到达广东车八岭国家级自然保护区拍摄野生鸟类。短暂的相见，她的执着、敬业，给我留下了深刻的印象。自然观察拍摄野生鸟类是一项非常艰辛的户外活动，环境复杂的保护区地理偏僻，山体陡峭，动辄翻山越岭蹚水过河，一位女性，手拿肩扛一台重约30斤的相机，其艰辛是可以想象的。

关注肖辉跃，不仅因为她能拍摄到栩栩如生的鸟类照片，还因为她的自然行日志，字里行间充满着对大自然的心灵感应。她的文章，总是以点带面、画龙点睛地展开畅谈；层次分明、详略有致地吸引着读者产生身临其境的感觉。

人与自然是生命的共同体，绿水青山就是金山银山，党的十九大旗帜鲜明地诠释了生态环境的重要性。此书不仅描绘了野生动物的绚丽姿色和壮美河山的雄阔，也讲述了风土人文的故事，更弘扬了生态文明建设的意义，倡导人们认识自然、爱护自然、保护自然，共享大自然给予人类的馈赠。

读过她很多文章，我有深刻的感触，这或许和我旅居深山，多年工作在保护区的履历有关。她的文字精练优美，与我的感性相通。很多进行自然观察的朋友及工作在保护区的同人都视她为偶像，对她大加赞赏。

这是一本生态文学类图书，一部浸润着生机勃勃的生命气息的作品。本书鲜明地叙述了一景一物、人与自然的和谐共生，记录了许多生物与生态因果，多层次地反映了人类与大自然唇齿相依的关系，表达了人与自然和谐相处的非凡意义。

反映时代生活，是历史赋予作家的使命和责任，自然的脉搏、生命的足音需要涌动。肖辉跃在文学创作上的成就是可喜的，但是为更好地、全方位多层次地表现人与自然休戚与共的关系，需要她写出更多更厚重的作品，需要她持之以恒。

毕竟她还年轻，敬请读者期待。

张新旺
广东车八岭保护区
林业工程师

图书在版编目（CIP）数据

飞跃高原 / 肖辉跃著 . -- 北京：北京联合出版公司，2019.7
ISBN 978-7-5596-3260-9

Ⅰ . ①飞… Ⅱ . ①肖… Ⅲ . ①高原—鸟类—介绍 Ⅳ . ① Q959.708

中国版本图书馆 CIP 数据核字（2019）第 092307 号

飞跃高原
作　　者：肖辉跃
选题策划：北京时代光华图书有限公司
责任编辑：李　伟
特约编辑：太井玉
封面设计：新艺书文化
版式设计：新艺书文化

北京联合出版公司出版
（北京市西城区德外大街 83 号楼 9 层　100088）
北京旭丰源印刷技术有限公司　新华书店经销
字数 241 千字　787 毫米 ×1092 毫米　1/16　20.5 印张
2019 年 7 月第 1 版　2019 年 7 月第 1 次印刷
ISBN 978-7-5596-3260-9
定价：88.00 元

未经许可，不得以任何方式复制或抄袭本书部分或全部内容
版权所有，侵权必究
本书若有质量问题，请与本社图书销售中心联系调换。电话：010-82894445